関西学院大学研究叢書第 126 編

環境と差別のクリティーク

屠《と》場《じょう》・「不法占拠」・部落差別

三浦耕吉郎

新曜社

目次

装幀 鷺草デザイン事務所

序章　〈見えないもの〉を書く技法
――批判的分析としてのソシオグラフィ

1　出来事の深みへ

「『かかれ！』機動隊長の号令で、道路に座り込んだ住民を排除する隊員。『やめろ』『さわるな』。怒号と悲鳴をあげる反対派住民――郡山市丹後庄町地区の県食肉センター建設予定地の埋蔵文化財試掘調査は二十五日、ついに県警機動隊を導入して始まった。地元住民の『と畜場建設反対期成同盟』（〇〇会長）のたび重なる調査阻止に業を煮やした県教委が強権を発動したもので、現地周辺は終日混乱、最悪の事態を迎え、建設予定地に隣接している県立盲学校、ろう学校の関係者も不安そうに見守っていた。反対同盟では『県と県教委の無謀な行動は許せない。引き続き調査を阻止する』と硬化しており、機動隊に守られながらの試掘調査になりそう」『毎日新聞』奈良版　一九八三（昭和五八）年一月二六日付

一九八〇年代初頭に、奈良盆地の一角において持ち上がった食肉流通センター建設問題。この問題に私自身が出会い、単身でかかわり始めたのは、この新聞記事に書かれた住民と機動隊との衝突が起こってから三年余りが経過

した頃だった。

その後、奈良県と住民のあいだにはさまざまな紆余曲折があったけれども、一九八七（昭和六二）年に、県は当該地においてセンター建設の基礎工事を開始、そして一九九〇（平成二）年末に食肉流通センターは竣工し、営業を始めている。しかし、それから二〇年近く経った今日でも、いまだにセンター周辺には、地域住民によって設置された「と畜場建設反対」の立て看板が林立する状態が続いている……。

近隣住民たちが、食肉流通センターの建設にたいして、かくも強硬かつ執拗に反対運動を持続していった理由。そのなかには、次のような地元の利害が絡んだ地域環境の悪化にたいする深い懸念があった。

たとえば、佐保川沿いのセンター建設予定地が、それまで流域の治水にとって重要な役割を果たしていた遊水地域にあたっており、そこを造成することで遊水機能の低下による水害の危険性が指摘されていたこと。あるいは、建設予定地が県立盲学校・聾学校に隣接していたために、学校周辺の教育環境の問題が障害児教育に取り組む教職員・ＰＴＡ・地元住民等によって提起されていたこと。さらに、センター自体が臭気や騒音（鳴き声）の発生やカラスの飛来等によって周辺環境の悪化を引き起こすことが予想される、いわゆる「迷惑施設」であったこと、等々……。

しかし、それだけではなかった。この食肉流通センターという施設は、牛や豚を屠畜・解体して、私たちの食卓に欠かすことのできない食肉を生産する所である。そうした施設は、一般には、「屠場」（とじょう・とば）ないし「屠畜場」（とちくじょう）と呼ばれてきた(1)。とりわけ、わが国においては、肉食が「解禁」された明治以降、こうした屠場の多くが被差別部落のなかに設置されたこともあって、食肉や皮革を生産する仕事は、主として被差別部落に住む人びとによって担われてきた経緯がある。

そうした点で、近代日本において、屠場は、たんなる「迷惑施設」にとどまらず、ある意味で部落産業を象徴する存在であった。しかも、じっさいに今回のような移転や新規建設のさいには、しばしば地域住民によって厳しい忌避ないし排除の対象とされてきた。

したがって、上記の屠場建設問題を特徴づけていたのが、環境問題と差別問題の複雑な絡まり合いであるという点については、いちおう了解することができよう。だが、それではその環境問題と差別問題はいったいどのように絡まり合っていたのか、と問われると、じつのところ事はそれほど明瞭ではなかった。

私自身も、この地域に通い始めて以来、暗中模索の日々が長く続いた。はじめて自分の考えを論文のかたちで発表したのは、調査を始めてから十年後。そして、その論文も含めて私なりの見解をまとめて本書を編むにいたるまでには、さらに十年余りを要した。

なぜ、それほどの歳月が必要だったのか。それは端的にいって、屠場という存在や部落差別の現実について、私自身がまずはじっくりと知らなければならなかったからである。その間、私は被差別部落における生活文化史の聞き取り調査に一六年ほど携わるとともに、関西圏における二つの屠場調査に参画して双方のモノグラフの作成にもかかわってきた。おそらくこれらの経験がなかったら、屠場建設問題についての理解ははるかに違ったものになっていただろう。と同時に、もし屠場建設反対運動に出会わなかったら、本書で展開する〈構造的差別〉という考え方にたどりつくこともなかったように思う。

その意味では、屠場建設反対運動の調査と、屠場調査と、被差別部落での生活史調査という三つの調査が、互いが互いの調査結果を参照しあい基礎づけあうような相補的な位置関係に立つことによって、はじめて先に提起しておいた環境問題と差別問題との複雑な絡まり合いを具体的に解きほぐし分析すること、すなわち、本書の試みである「環境と差別のクリティーク」が可能となったのである。

2 〈見えるものと見えないもの〉へのアプローチ

見えるものと見えないもの

この社会には、存在しているのに見えないものがたくさんある……。こう書くと、まるで幽霊や妖怪のことかと訝しく思われる向きもあろう。たしかに、存在しているのに見えないという現象は、後述するような、存在しないはずなのに見えている現象と表裏の関係にある。

そこでまず、存在しているのに見えないという現象を体験するために、冒頭の新聞記事の舞台となった大和郡山市の丹後庄町を訪ねてみよう。

大和郡山市は、奈良盆地の北側に位置している。郡山城址のある市街地をはずれると、そこには溜め池が点在する長閑な田園風景が広がる。そんな景色を眺めながら、焦げ茶色の板壁と白い漆喰塗りの家々が立ち並ぶ、丹後庄集落のへりの道を歩いていく。ふと見ると、道の片側に人の肩より少し低いくらいの土盛りが、まっすぐに延々と続いている。以前なにかの工事用に積まれて放っておかれたのか……土盛りの方々には夏草が生い茂っている……。

その道の突きあたりが、佐保川の堤防。今度は堤防のうえに上がってみよう。丹後庄側の土手を下流へ向かって歩いていくと、右手側が、例の食肉流通センター。そのあたりで左手を見ると、佐保川をはさんで、対岸の堤防越しに古い集落の家々の屋根がのぞいている。まさか、あちらの土手とこちらの土手に一、二メートルの落差があろうなどとは、ふらりと訪れた私たちには気づくよしもない……。

そう、私たちよそから来た人間の目には、それらの光景はなんの変哲もない土手であり、なんの変哲もない土盛りである。しかしながら、第1章を読んでいただくとわかるように、じつは、いま歩いてきた丹後庄側の堤防は、対岸堤よりも意図的に低くつくられた「乗越堤《のりこしづつみ》」であるし、平野部に張りめぐらされた土盛りは、増水時に乗越堤から溢れた水が集落へ及ぶのを防ぐためにつくられた「請堤《うけづつみ》」なのであった。

このような乗越堤や請堤は、最近注目されている「ダムによらない治水」を古来より体現してきたものにほかならない。つまり地元の人たちにとって、それらは防災上、必要欠くべからざる治水施設なのである。しかし、「よそ者」の私たちが、それらを乗越堤や請堤として見ることは、その治水機能をわざわざ学習を通じて学ぶか、数十年に一度の洪水を身をもって体験しない限りは、まずありえないだろう。

私が先に「存在しているのに見えないものがある」と述べたのは、ひとつにはこのような生活体験の有無や相違によって、同じモノの見え方が決定的に異なることがあるからである。そして、このような現象に着目することは、これから環境問題や差別問題を考えていくための基本的な第一歩となる。

なぜなら、環境研究にとっては、調査者や研究者の見方とは別に、「そこに住む人びとに、自然（および自然と人との関係）が、どのように見えているか」を知ることがなににも増して緊要なことだからである。そしてまた、差別研究にとっても、「差別をする側の人びとによって、差別される人（および人と人との関係）が、どのように見えているか（あるいは、どのようにカテゴライズされているか）」を知ることが、同様に必要だからである。つまり、環境問題も差別問題もこうした表象問題を内包しており、それに正面から取り組むことなしには、これらの問題を十分に解明することは望めないのである。

ちなみに、ここでいう表象問題(2)とは次のような事態のことである。

私たちは、自然や人をはじめとして、さまざまな物を見るときに、けっして「裸の知覚」によって物自体、つまり物そのものを見ているわけではない。じつは、この世界に存在する森羅万象のなかで、私たちが日常的に見ているものは、基本的にすでになにを見るかについての一定の取捨選択が、私たち個々人の見ようとする意志や関心に先立って、文化的・制度的に与えられているのである。

この点については、夜空の星を眺めるときのことを想起していただくとわかりやすい。そのとき私たちは、大空に散らばった無数の星々を個々バラバラに認知してはいない。というのも、すでに数千年にわたって連綿と受け継がれてきた「星座」という文化的・制度的枠組みがあるからである。だがそれは逆にいえば、星座に含まれない無名の星を私たちはそれとして見ることができない、ということなのだ。つまりは、そうした文化的・制度的背景を異にする個人や集団のあいだでは、同じモノでも異なって見えている可能性がつねに存在するのである。

表象の相違がもたらすもの

また昨今の地球温暖化をめぐる議論も、この表象問題が典型的に現れているケースである。地球温暖化にたいする対応策を諸国家間で協議した二〇〇八年七月の洞爺湖サミットをターゲットにして、同年春から夏にかけて書店に並んだ関連書の題名を思いおこしてみよう。

『環境問題のウソ』『「地球温暖化」論に騙されるな!』『偽善エコロジー』『環境活動家のウソ八百』等々。そして、これらの本をひもといてなによりも驚かされるのは、その道の専門家によって、地球環境の将来にとっては温暖化よりも寒冷化のほうこそが問題だと、きわめて説得的に主張されている点である。

こうした事態が明るみに出しているのは、同じ科学者集団のなかにあってさえ、地球環境の現在および将来をめぐって、根本的に相反する事実認識、すなわちまったく相対立する地球環境表象が存在しているという事実である。そしてさらには、事実認識ないし表象の違いが、往々にしてイデオロギー対立と同じような、いや、場合によっては、イデオロギーの対立をはるかに凌ぐような根深い感情的対立を当事者間に生みだすことがあることを、これらの表題ははしなくも露呈させている。

このように見てくると、私たちが抱いている表象のなかには、⑴全体社会のなかで文化的・制度的（あるいは政治的・経済的）に生産され受容されているものから、⑵個々の集団や地域社会のなかで生活体験や学習体験を通じて伝承されてきたもの、さらには、⑶自己の利害関心にしたがって積極的に獲得されてきたものまで、多種多様な水準が存在していることがわかる。

だとすると、「存在しているのに見えない」といった現象の背景にも、文化的・制度的な原因から体験的・学習的原因、さらには意図的・作為的な原因までいろいろな要因が想定できるはずである。

これらの点を確認したうえで、あらためて屠場という存在について考えてみよう。先に述べたように、屠場とは私たちの食生活に欠かせない食肉を生産している施設である。だから、屠場は確実に存在している。にもかかわらず、その屠場がどこにあるのか、そこではどのような仕事が、どんな人たちによって担われているのか、私たちはほとんど知らないのである。だからそうした意味で、屠場もまた〈存在しているのに見えないもの〉のひとつにほかならない。

私たちの屠場調査では、こんなエピソードもあった⑶。牛や豚の搬入口にある屋根の奇妙な形状について問うてみたところ、向かいに建つ高層住宅自治会からの要請で、牛や豚の搬入が見えないように遮蔽するためにその屋根は設置されたということだった。このように、屠場が「見えない」のは、私たちが「あえて見ようとしない」からだと言うこともできる。しかしながら、この遮蔽という行為を、そんなふうに単純に私たち一人ひとりの心の問題に還元してしまっては、屠場問題をめぐるもっと大きな文化的・制度的、そして国家的な拘束が見えなくなってしまう（この点については、本書第3章を参照のこと）。

ともかく、この節で強調しておきたいことは、次の一点に尽きる。すなわち、この社会においては、個々人ないし、個々の集団が保持している表象の違いによって、⑴他者には見えているものが、こちらには見えていないという事態、あるいは、⑵こちらには見えているのに、他者には見えていないという事態が、不断に生じていること、これである。

これは、なんとも興味深い事実ではなかろうか。いやそれどころか、こうした事態は、私たちの学的認識にたいしても方法論上の難問を投げかけているように思われる。なぜなら、社会学的研究の場においても、研究者と当事者とが保持している表象に一定の異なりが避けられない以上、（A）当事者には見えているものが、研究者には見えていないという事態、あるいは、（B）研究者には見えているのに、当事者には見えていないという事態を、つねに想定してかからざるをえないはずだからである。

ところが、これまで環境研究においても差別研究においても、こうした表象問題が正面から論じられることはなかった。これは、じつに奇妙なことと言わざるをえない。というのも私見によれば、この表象問題こそが、環境問題や差別問題の解明にとって重要な鍵となりうるものだからである。

3　理論のモデル化／脱モデル化の運動のなかへ

それでは、こうした表象問題へ取り組むにあたり、私たちにはどのような学問的態度が要請されるのだろうか。その点について考えるうえで、これまで日本の環境社会学をリードしてきた二つの主要な理論、すなわち生活環境主義と社会的ジレンマ論について検討しておくことが必要である。なぜなら、生活環境主義は研究者が研究者視点を越えでて当事者（住民や生活者）の視点に立とうとすることによって、また、社会的ジレンマ論は研究者が一貫して研究者視点を堅持することによって、どちらも環境問題にかんするきわめて独特な理論モデルを構築してきたからである。

しかしながら、これらの理論はいずれも前節で指摘してきた表象問題を十分に取り扱うことができないように思われる。

その理由は、社会的ジレンマ論にかんしては比較的容易に説明できる。なぜなら、研究者の視点を特権化してそこに自己を限定する限り、当事者の視点を理論のなかに組みいれる余地がなくなってしまうからである(4)。ところが、環境問題の解明にとって当事者（すなわち他者）の抱いている（研究者とは異なる）環境表象を理解することがいかに重要であるかは、すでに見てきた通りである(5)。

それにたいして、生活環境主義の場合は議論はもう少し複雑になる。というのも、生活環境主義は、研究者の視点を当事者の視点に重ねるように努めることによって、表象問題（すなわち、研究者と当事者のあいだにおける環境表象の相違という問題）を、一見したところ、クリアーしているようにみえるからである。だが、この点については、①そもそも、研究者が当事者の視点に立つことが可能なのか、という根本的な疑問、および、②当事者といっても、けっして一枚岩ではなく、多種多様な異なった視点が存在しているのではないか、といった疑問が、次々に提起されてきた(6)。

このように、研究者視点や当事者視点へのスタンスに着目しながら二つの主要理論が内在させる問題点を指摘してきて思うのは、理論のモデル化作業が一定の段階に到達してそれらが通常科学化した段階にあっては、むしろ、そうしたモデル化によってすくい上げられることのなかった問題、言いかえれば、そうしたモデル化が周辺的な事柄として思考から排除してきた問題（そのひとつが、表象問題であった）にたいして目を向けるべきではないか、ということである。それはあえて脱モデル化の運動のなかに身を投ずることを意味している。

なお、ここでいう脱モデル化の運動とは、これまでの環境社会学研究において、とりわけ上記の表象問題が看過されてきた原因やその帰結を問うとともに、表象問題を組みこんだ新しい環境社会学理論への手がかりを模索する

こと（つまり、新たなモデル化の運動にコミットすること）を企図している。

そのために、本書で採用されている観点は、研究者と当事者のあいだ、あるいは複数の当事者のあいだ（さらには、複数の研究者のあいだ）に存在しているディスコミュニケーションに着目する〈対話〉論的アプローチである[7]。ただし、ここでいうディスコミュニケーションのなかには、表象の違いによってもたらされたものはもちろん、価値や規範のレベルにおけるディスコミュニケーションも含みこんでいる。なぜなら、環境問題（や差別問題）においては、地球温暖化をめぐる議論に見られたような、表象の違いが価値や規範レベルの対立に深く絡んでいるケースが圧倒的に多いからである。

なお、こうしたディスコミュニケーションに着目することの意義、すなわち研究者視点と当事者視点を峻別することの意義は、次の点にある。

第一には、一般に研究者と当事者（すなわち被調査者）とのあいだには、調査の意図や目的、調査の手法、そして調査を方向づけている理論的関心等について、多かれ少なかれある程度のディスコミュニケーションが介在しているのが普通である。ところが、制度としての社会調査には、そうしたディスコミュニケーションの存在を認めようとしない傾向がそなわっている。なぜなら、調査者と被調査者のあいだに十全なコミュニケーションが成り立っていることが、「正しい」社会調査を行う前提条件であるという根強い信念があるからである。

したがって、あえてディスコミュニケーションという現象を理論的観点の中心に据えることによって、(1)研究者の視点と当事者の視点とのあいだのズレをつねに問題化しうるとともに、(2)当事者からの批判によってみずからの理論を修正することや、(3)理論のなかに当事者の視点を組み入れること等を、自覚的に行っていくことが可能になる（当事者の批判的視点と理論とのあいだの〈対話〉については、第7章を参照のこと）。

第二には、ディスコミュニケーションを顕在化させる媒体として、「よそ者」という存在に独自の役割を期待する

ことが可能になる。たとえば、生活環境主義のもつ共同体的な認識枠組みのなかに、共同体メンバーとは文化的出自を異にする「よそ者」という他者存在をおいてみるとしよう（第8章）。すると、その「よそ者」は、共同体メンバーとのあいだに大小の亀裂や距離感を生みだすのみならず、研究者と共同体メンバーとのあいだに伏在していた亀裂や距離感をも活性化させるといった、独自な理論的役割を演ずることになるだろう。ここに、従来のものとは異なった、新たな「よそ者」論のパースペクティヴを確認することができるように思われる(8)。

4　表象研究からヘゲモニー分析へ

じつは、本書に収録された論考は、いずれも調査現場で私が思いがけず遭遇した（／させられた）さまざまなディスコミュニケーションの衝撃に端を発している。そうしたアクシデントのなかでも、社会調査という実践にとって、とりわけ致命的なもの。それは、いうまでもなく調査拒否である。なぜなら、調査目的にとってキーとなるインフォーマントや団体によってなされる調査協力の拒否は、調査者にたいして、当該調査の軌道修正や目的自体の根本的な変更を余儀なくさせるからである。さらにそれは、最悪の場合には調査そのものの失敗をも意味しており、それまで得た調査データをすべて無に帰しかねないものである。

しかしその一方で、調査拒否という行為のなかには、ときとして当該調査の手法や理論枠組みにたいする被調査者からの本質的な批判がこめられていることがある。そしてもしも、その批判を受けとめることを通じて、理論の大幅な修正や革新が成し遂げられたとするならば、調査拒否という行為は、調査にとっての阻害要因であるどころか、むしろ当該研究を豊饒化するための重要な契機となるだろう。

たとえば、第7章で取り上げる被差別部落における聞き取り調査で出会った調査拒否の事例の場合。そのなかで、

私自身、研究者による（部落差別を研究のための）「部落」や「部落民」というカテゴリー化実践が、状況次第では、意図せざる結果として部落差別の再生産に加担しかねない、という重い現実を突きつけられることになる。だが、その後そうした当事者に抱かれていた奥深い懸念と向き合っていくなかで、私はある地域なりある人物を、「部落」なり「部落民」としてカテゴライズするといった学問的行為の前提にも、表象問題が歴然として横たわっていることに気づかされたのだった。

というのも、そもそも「部落」や「部落民」とは、その実在を信じている（もしくは、その実在を信じている人がいると知っている）人には見えるけれども、その実在を信じていない（もしくは、知らない）人には見えない、いわば観念的実在なのであり、けっして具体的な人物や地域のような実体として存在しているわけではないからである。したがって、こうした表象問題としての部落差別問題の解明にとって必要なことは、「部落」「部落民」という表象について、(1)実体としては存在していないにもかかわらず、一定の人びとにそれらを表象させるメカニズムを明らかにすること(9)、および(2)（ポジティブなものからネガティブなものまで）異なった意味づけや価値づけを与えられた（「部落」「部落民」にかんする）多様な表象がせめぎあっている現代社会において、部落差別がどのように存立しているかを明らかにすること、の二点が新たなテーマとしてクローズアップされてきたのである。そして、この(2)の点について考察するにあたり、私が本書で依拠しようとするのがヘゲモニー分析の方法である(10)。

環境問題にせよ、差別問題にせよ、それらが生じているところには当事者のあいだに複数の異なった見解、主張、さらには世界観が併存している。そして、それらが対立したり、衝突したりするなかで、固有の問題状況が生みだされている。だが、そうした異なる価値観がせめぎあう状態にありながらも、なおかつ当該社会に一定の秩序が形成されているとすれば、そこでの支配の正当性はいかにして調達されているのだろうか？　ヘゲモニー論は、このような問いを発することによって、環境問題や差別問題が現代社会において存立している機制そのものを主題化す

ることを可能にしたのだった。

なお、このように価値観が対立した状況とは、別の観点からみれば、なんらかのトピックにかんして複数の定義づけをめぐり諸主体間での闘争が行われている場である。たとえば、屠場を建設することが地域の環境にとってふさわしいかどうかをめぐる紛争がそうであるし、「部落」「部落民」を（差別的な内容のものから反差別的な内容のものまで）どのような意味づけのもとで認識するのかをめぐって生ずる衝突（差別事件！）や葛藤もそうである。そして第6章では、「不法占拠」をめぐる当該住民と国家のあいだの定義づけの相違に遭遇することになろう。

私が、あえてこうした社会にたいして穿たれた無数の亀裂に目をこらす理由。それはなによりも、こうした紛争のさなかで、この社会にふだんは潜在している多様な価値や規範が顕在化してくるとともに、さらには、紛争を通じて絶えまなく生じている新たな価値や規範の生成に、同時的に立ち会うことができるからである。

そして、本書を通じて〈批判的分析としてのソシオグラフィ〉がめざすのは、そうした、ふだんは〈見えないもの〉としてある価値や規範（の存在とその生成）を、それらが内在させている歪みや捻れも含めて記述していくことである。そのために、表象問題への着眼が必要であったし、理論への当事者視点の導入が自覚的になされなければならなかったのである。

すなわち、〈見えないもの〉を書く技法とは、端的にいえば、複数の当事者の視点を縦横に移動することによって、それぞれの単独の視点に立つだけでは把握できなかった、価値観や表象の相違によって生みだされる紛争の様態を記述的に分析するための方法といえる。具体的には、屠場建設反対運動を行う住民の視点から屠場で働く人びとの視点への移行や、あるいは、「不法占拠」をめぐる住民と行政とのあいだの認識の落差がもたらす目眩のような感覚によって、この技法の効果を読者に体感していただければと思う。

とはいえ、本書における記述方法論の特徴は、経験的データから出発して一般化的認識へ至ることをめざす、いわゆる帰納法とは大きく異なっており、むしろ、調査過程において関係者たちが暗黙のうちに行っている理論的実践を記述によって把握しようとするところにこそある。語りや観察をめぐる記述資料には、すでに語り手や聞き手・観察者の保持しているそれぞれの理論的パースペクティヴが多様なかたちで反映されているのだが、従来の研究はそうした点について十分な分析を行ってこなかった。したがって私たちは、そうした資料を作成・分析するにあたり、次のような〈対話〉的方法を採用する。すなわち、語り手が保持している生活知と、研究者の依拠している（社会的・政策的）科学知とのあいだの相互作用を記述するなかで、とりわけ両者のディスコミュニケーションやズレ、さらには乖離といった現象に戦略的に着目する。そして、そうした生活知と科学知との〈対話〉を、そのつど独自な記述スタイル（たとえば、書簡体や日記体や報道文体等）を模索しつつ遂行することによって、既存の社会理論の援用とは異なる、生活者の観点を内包したあらたな社会理論の再構築ないし創出がめざされることになる。

それでは、それらの記述を行っていく研究者（観察者）としての視点は、どのような場所に設定されることになるのだろうか？　それを私は、〈ヘゲモニー分析に依拠した構造的差別モデル〉に求めたいと思う。

なお、構造的差別とは「人が差別をするのではなく、その人の置かれた社会的な立場性が差別をなさしめるのである」という認識に立つ考え方であり、別の表現を使えば、関係主義的な差別観だといえる(11)。つまり、私たちがある種の関係性のなかにおかれると、個々人のなかの偏見や差別意識の有無とは無関係に、差別に加担させられたり、差別を引き起こしてしまうことがある、という点に着目しようとするのである。

以下ではこうした点から、冒頭に述べた環境問題と差別問題との複雑な絡まり合いを解きほぐしていくことになろう。ただ、その過程で私たちはさらなる問いに直面させられることになる。その問いとは、（A）こうした構造的差別が、現代社会において存立しえているのはなぜか、というものであり、もっと踏みこんでいえば、（B）現代社会において差別事象の存立が正当化されるメカニズムはどのようなものか、という点に帰着させることができる。そして、本書において私たちは、構造的差別を生むにいたる諸々の社会的要因を探求していくなかで、それを正当化している規範的存在の正体にまで迫りたいと思う。

注

（1）なお、法律上の正式名称は「と畜場」であるが、それは一九五三（昭和二八）年に従来の「屠場法」（一九〇六〈明治三九〉年施行）に代えて施行された「と畜場法」に由来している。この「屠場法」から「と畜場法」への名称変更の理由は、おそらく「屠」という語が、「屠殺」という熟語を構成するように、「殺す」というマイナスイメージを想起させるために、あえて「と」というひらがな表記が採用されたと思われる。じっさい、「と畜場法」では、「屠殺」という言葉も、「とさつ」と表記されている。だが、こうした書き換えは、私たちの食生活が家畜の犠牲のうえに成り立っているという現実を覆い隠してしまうという点で、以下で論ずる表象問題のひとつにほかならない。したがって、本書では、あえて「屠場」や「屠畜」、「屠殺」、そして「屠《ほふ》る」という言葉を用いている。

（2）これまで表象問題は、当事者に代わって認識表明を代行＝代表する者の資格の有無をめぐって議論されてきたが、本書ではそれに加えて、当事者内における認識の相違が生みだす代表性の問題（つまり、当事者の複数性の問題）も議論に組み入れていく。

（3）三浦編（二〇〇八）の第5章、9章を参照のこと。

（4）この点については、土場（二〇〇七）が、社会的ジレンマ論の理論構成に孕まれている「危険性」として、「当事者の状況解釈を『無視して』、『勝手に』、研究者が『当該状況は社会的ジレンマである』と主張することになりかねない。つまり、（中略）研究者の視点は当事者の視点に対してつねに優越的、特権的な視点になってしまう」ことをあげながら、このアプローチの「根本的問題点」として、「『当該状況は社会的ジレンマである』という命題の妥当性は本来は研究者と当事者のあいだで問われなければならないのに、あたかも通常の経験科学的命題と同様に研究者（集団）だけで問いうるかのように（その研究枠組みから不可避的に）みなしている点にある」（傍点原著者）と指摘しているのが参考になる（一〇〇頁）。

（5）科学者（研究者）の依拠する普遍的な科学知にたいして、生活者（当事者）の依拠するローカルな生活知のもつ重要性に着目する小林（二〇〇二）も、「科学は普遍性を志向するため、一般的抽象的に問題を考察する傾向がある。実験室における人工的条件の設定はその典型である。そこから生まれた知識は一般的であり、普遍的に成立するものと見なされやすい。しかし、そのような『普遍的』知識を、個別的、具体的状況に適用する際には、膨大な数の仮定を積み上げるか、あるいは、対象を実験室と同様の条件に変えてしまうことを試みるかといったことが生じやすい。つまり個別的、具体的な状況にかんしては、科学は『無知』であることが多いのである」と指摘したうえで、「他方、素人一般市民は、理科の教室における科学的知識については無知であろう。しかし、具体的な状況に関しては科学者よりも知識が多いこともある。ただ、その種の知識は科学知識を典型とする知識観のもとでは、正当に評価されてこなかったといえる」と述べて、具体的には、「河川改修影響検討委員会」から「河川の地域特性などのローカルな知識」をもっている「この地域に暮らす高校の理科教師など」が、「素人として、このような調査委員会活動から排除される」ケースをあげている（傍点引用者。一二六―一二八頁）。こうした二つの異なった知のとり結ぶ多様な関係性へのアプローチとしては、第1章を参照のこと。

（6）たとえば、丸山（二〇〇七）は、「当事者性を持つ主体は複数存在するため、いずれの視点をとるか、あるいはとらないか、という判断そのものによって、（環境社会学者は）自らの立場性を問われてしまう」として、結局のところ、「研究者は自己定義に係わらず本質的に『よそ者』であり、環境社会学的な知と生活知との間にも緊張感が存在する」ことを強調している（一五頁）。

（7）くわしくは、本書第1章および三浦（二〇〇四）を参照のこと。

（8）これまでの「よそ者」論が、「地元／よそ者」図式にもとづいて「よそ者」の排除に荷担してきたことを批判する鬼頭（一九九八）は、「よそ者」が保持する普遍的な観点が環境運動においてもつ意義を評価しつつ、「よそ者」の役割が有効に機能する条件として、「『よそ者』と『地元』の関係が固定的でなく、『地元』の持つ地域的観点と、『よそ者』が導入する普遍的視点が有効に絡みあうように相互に変容を遂げ、お互いにダイナミックな関係を持ちうる場合である」（五三頁）と述べている。私の場合は、「よそ者」と「地元」の関係性をディスコミュニケーションに着目してとらえているがゆえに、研究者のもつ普遍的観点を相対化する契機として「よそ者」論に期待を寄せている。

（9）なお、(1)の点について、私はすでに別の論考で、「部落」「部落民」カテゴリーを、実体的カテゴリーではなく関係的カテゴリーとしてとらえる立場から、（同対法以後の）現段階において部落差別がさし示す主要な性格を、「部落」「部落民」にかんする慣習的区分ないし慣習的カテゴリー化にもとづく慣習的差別として把握するべく試みている（くわしくは、本書「あとがき」と三浦（二〇〇八）を参照のこと）。

（10）表象研究にヘゲモニー分析を接合している研究には、サイード（一九八六）のオリエンタリズム論をあげることができる。ただし、サイードが主として文学や芸術作品といったエリート文化の分析によっているのにたいして、本書では、人びとの語りを分析対象としている点が異なっている。

（11）構造的差別については、三浦（二〇〇六）を参照のこと。なお、ここで、関係主義的差別観と対比されているのは、差別の原因を人間の内面に存在する偏見や差別意識に求めようとする人間主義的な差別観である。

第1章　〈対話〉としての環境調査

1　「住民参加」の諸相

環境調査は、もはや住民と環境とのかかわりを客観的に把握することを目的とするのみではすまされない、というのが近年の研究動向への率直な印象である。環境調査（さらに社会調査一般）に向けられてきた、第三者的な観点（いわば「神の目」の観点）から普遍性をもった知を生産せよというこれまでの暗黙の期待や要請は、今日、そうした観点を相対化する必要性にとって代わられてきたといえるだろう[1]。

その理由は、第一に、住民自身もまた、みずからの地域環境とのかかわりについて研究者とは異なった独自の認識をもっており、その意味で、環境調査とは本来研究者の環境認識と住民の環境認識の相互作用、すなわち後述するような〈対話〉として把握されるべきものだからである。これを知の産出という点からみれば、従来の環境調査においても、けっして研究者のみが新たな知を獲得してきたわけではない、ということを確認しておく必要がある。調査の場に居あわせた（「参加した」）住民の側においても、調査の過程で固有の知が産み出されていたはずなのである。ただ、住民のもつ生活知は本質的にその内容がきわめてローカルなものであり、そのために普遍的な知を志向する研究者とのあいだでのコミュニケーションにはさまざまな困難がつきまとってきた。しかし、環境保全の担い手として地域住民の果たす役割がますます重要になりつつあることを考えあわせれば、この相異なる知のあいだの関係性を明らかにしていくことが切実な課題となっている[2]。

第二には、『水と人の環境史』（鳥越・嘉田編　一九八四）が、「当該社会に実際に生活する居住者の立場」に立つ「生活環境主義」を提唱したことによって、それ以前よりはるかに鮮明になってきた事柄がある。それは、私が環境表象の他者性と呼ぶものにかかわっている。生活の場を異にする研究者が、容易に居住者の立場に立てないことは明らかである。にもかかわらず、従来の第三者的な立場に代わるものとしてそのような「主義」が宣言されたことの意義は、研究者にとって、当事者のもつ環境表象がつねに部外者にとって理解不能性をはらむという事実にたいして、いっそう自覚的に対峙していく必要性が生じたということにほかならない。

このような現状認識のなかで浮上してくるのが、環境調査に「住民参加」をどのように位置づけるかという問題である。

住民の側に環境認識の主体性を見いだすという前提からすれば、「住民参加」は、たんなるデータの要領よい大量収集法などでないことはもちろんである。また、たしかに住民への環境教育という側面は無視できないにしても、「住民参加」を、啓蒙的・啓発的な観点からの研究者と住民との交流と見なすのも、まだまだ不十分である。私自身としては、環境調査における「住民参加」を、この言葉が指示することができると思われる、ぎりぎりの範囲まで広げて用いることにしたい。すなわち、以下では「住民参加」という言葉を、研究者の依拠する科学知にたいする住民の側からの批判や、そうした科学的知見にたいして住民がみずからの生活知のなかでさまざまなかたちで行っている独自の意味づけ（「再利用」）や読み替え（「再解釈」）、さらには、当該住民に固有な環境知の創出という境域にまで拡張して用いたい。おそらく、そのような知の創出が住民のあいだで成し遂げられたとき、はじめて住民自身の手による政策提言や政策批判も可能になるだろう(3)。

以下では、三つの環境調査を例にとりながら、それぞれにおける「住民参加」の諸相を明らかにしていくことにしたい。

2　アセスメントと「ヒルのいない川」

ある地方自治体からの依頼を受けて、下水道敷設事業のアセスメント（環境影響評価）を行うべく首都圏からやってきた研究者が、地元の人びとと交渉を重ねるなかで自己の環境認識がどのように変化していったかを書きしるした記録に、こんなくだりがある。

「私が駒ヶ根に行き始めたころ、どの川も非常にきれいに見えて、下水道が必要だとは思えなかった。ある集まりで、そのことを口にして、『東京と同じに考えてもらっては困る。川に入ったとき、石がぬるっとしたら、もう汚れていることなんですよ』と、大きな声で怒鳴られたことがある」（中西　一九八三　七七頁）。

まずは、こういった市民の言葉にも謙虚に耳を傾けようとする姿勢のうちに、この工学者、中西準子のアセスメントにたいする基本的な考え方をうかがうことができる。彼女らのアセスメント委員会は、下水道計画案づくりのために、各地区・グループごとに市民懇談会を開き、十分に市民の意見を汲みあげるよう努めたという。

しかし、環境アセスメントへの市民参加が本来の意義をもってくるのは、それがたんに市民からの意見聴取という点にとどまらず、事業者や技術者側の見方や考え方、さらには計画自体に、なんらかの本質的な変更を引き起こさせたときである。その意味で、市民と意見交換をくり返すなかでもたらされた中西の環境認識の変容が、調査手法を含む環境の評価基準の根本的転換に直接つながるものであったという点に注目したい(4)。そうした環境認識の変容がどのようなものであったかは、次の短い文章からも読みとることができる。

「下水処理がアユの釣り場に流れこむのではないかという心配が出されたときも、私は最初はそのことをあまり大きな問題とは考えていなかった。が、『田舎には、こういう楽しみしかないんですよ』と言われ、駒ヶ根市の職員の慰安旅行が、〝地蜂とり〟であったり、駒ヶ岳の頂上で、熱燗の酒を飲むのが、この地でのレクリエーションのひとつで、というような話を聞いているうちに、私は自分の自然に対する感覚が少しずつ変わっていくのを感じ、ここの人びとの感覚で川の汚れをとらえるべきだと、いつか考えるようになっていた」（強調引用者。中西一九八三　七七―七八頁）。

わが国の環境アセスメント史上、先駆的な「市民参加の調査」が駒ヶ根で行われることになった背景に、このような中西自身の側の考え方の変化があったことは間違いない。一週間にわたった実地調査では、市民二百人が参加し、既存下水処理場の騒音・臭気調査や河川の流量・生物・水質調査などが行われた。

彼女はその生物調査において、ある貴重な経験をする。

「調査のとき、市民や中学生が驚きの声をあげたのは、石の下に『ヒル』がいたときであった。『うえー、気持ちわるー。ヒルがいるわ』などと大騒ぎになった」という。その出来事を契機として彼女が思いついたのは、下水道の敷設目標のひとつを「ヒルのいない川」にすることだった。そして、彼女はその後の研究で、水質をＢＯＤ二ｐｐｍ以下、ＣＯＤ四ｐｐｍ以下に抑えることで、それが実現可能であるという結論を導きだしている。

このプロセスが興味深いのは、従来から、水質基準を考える場合には科学的な数値におき直すのがあたりまえとする工学的発想に縛られていた中西自身が、ここでは「駒ケ根の市民が〝汚い〟と考える川と、〝まあまあ〟と考える川の境界」という、科学的にみれば非常に曖昧な基準（それが「ヒルのいない川」ということだった）で河川の水質目標を設定していることである。

市民との懇談会や共同調査、さらに駒ヶ根に何度も足を運ぶという目に見えない体験の蓄積によって、工学研究者の彼女に、いったいなにが起こっていたのか？　おそらくそれは、自然観や環境認識の変容という点にとどまらない。そこには、彼女の学的認識の根幹にかかわる大きな変化があったはずなのだ。

それは、河川の流量調査にかんする彼女の次のような反省のなかに読みとることができる。「下水道計画では、無造作に一日に一〇万トンとか五万トンとかいう数字を出して説明しがちであるが、これではほとんどの人がピンとこない。たいていのばあい、私たちは自分の家の前を流れる河川の水量も、まったくわかっていない」（中西一九八三　七六―七七頁）。そこで、彼女は「住民に実際に見る川の流れと、数字で表された流量との関係を把握してもらう」ことから調査を始めることにした。そして、最終的に、次のような考え方に到達したのである。

「住民は一度『量』の概念をつかむと、あとは毎日川を見て生活しているのだから、私たちみたいに一月に一、二回しか行かぬ人間にくらべ、下水処理という問題についてもずっとずっと深い洞察をもつことになる。それを計画をたてる側は十分に吸収しなければならない」（強調引用者。中西　一九八三　七七頁）。

これは、私の言葉でいえば、科学知の側から、住民のもっている生活知を吸収することの必要性を説いたものといえる。このような立場は、情報公開はもちろん公聴会さえめったに行われない当時の環境アセスメントの現状からすれば、きわめて少数派の見解であった。

じっさい、中西が駒ヶ根において提案した公共下水道計画は、多数の市民から支持を得たにもかかわらず、地元の利害や流域下水道政策をとる建設行政の不透明さにはばまれて、当初の目的を果たすことなく終わったという。ただ、そのアセスメント調査の過程で築きあげられた市民との協同実践のかたち、とりわけ生活知との遭遇の衝撃を積極的にみずからの知の組み替えに結びつける中西の独自の方法論は、けっして工学の分野のみならず、社会学的研究の領域においても十分普遍性をもちえているように思われる(5)。

3　ホタルはいなくなったのか？

琵琶湖周辺で、のべ二六〇〇人の住民が参加する大規模なホタル調査が、三年という月日をかけて行われた。この調査に企画の段階から加わった嘉田由紀子によれば、この調査の目的のひとつは、「きれいな水の象徴」という現代社会におけるホタルのマス・イメージを、住民とともに見なおしていく点にあったという。

じつのところ、滋賀県下の多数の住民から寄せられた報告では、ホタルが大量に観察される場所は、意外なことに私たちが思い描くような清流ではなく、生活排水が流れこみ、泥が堆積しているような、ほどほどの栄養分を含んだ、感覚的には「汚れた」水なのであった。にもかかわらず、ホタルが「きれいな水」の象徴と見なされるにいたったのはなぜか？　嘉田は、この点について、伝聞情報やマス・メディアによる操作的な環境イメージの形成があったことを指摘し、身近な生活環境を自分自身の目や足を使って認識することが大事であると主張した。

このように要約する限りでは、この調査ははっきりとした啓蒙的・啓発的な意図のもとに行われていたようにみえる。しかし、嘉田の報告がきわめて喚起的なのは、むしろ、じっさいに行われた調査にかんする多層的な記述が、そうした啓蒙的・啓発的な意図とのあいだに不断の緊張を生みだしているからである。

たとえば嘉田は、次のような住民からの報告事例をあげて、ホタルが「きれいな水にすむ生きもの」という画一的なイメージのなかに塗りこめられてしまった理由のひとつに、「私たちがホタルを見る意識を失ってきた」ことをあげている。

「ホタルの調査隊に参加し、『いない』という報告を出すために、小学校四年の息子と腕をくみ、観察にでかけました。あぁ、こんな時間をもてるだけで充分だと思っていました。ところが、ところが、驚きでした。びっくりしました。いたのです。ホタルが。ウッソー……。こんなきたないところに……。六月八日のことでした」（強調引用者。嘉田　一九九二　七三頁）

「ホタルを見る意識を失ってきた」とは、言いかえれば、ホタルは「こんなきたないところには『いない』」という思いこみをもつことである。そして、嘉田によれば、そこには身近な環境がどのようであればきれいと感ずるかにかんする住民のなかでの美的基準の変化があるという。すなわち、今日、多くの住民（このなかには嘉田自身も含まれているという）にとって「うっそうとした木や竹やぶが切り払われ、ブロック積みの堤防や護岸ができることは『きれいになる』ことである。曲がりくねった泥と草の水路がほ場整備によりコンクリート水路になることも『きれいになる』ことである。そこに水銀灯や外灯がついたら『もっときれい』ということになる」（嘉田　一九九二　七二頁）。しかしながら、このような環境は、生物にとってはとても生きにくい環境である。嘉田の言葉を借りれば、「『きれいなホタル』が飛び交ってほしいと思えば、草も土も砂も、そして木も必要だ。ほどほどの栄養分も必要だ。そして人のいやがる暗闇もほしい」のである（嘉田　一九九二　七二頁）。

ホタルの棲みにくい環境をつくっておきながら、それでいて身近にホタルがいることを望むのは、たしかに人間の得手勝手といわざるをえない。この身勝手さに住民が、研究者とともに気づきあうこと。じつはここに、このホタル調査のもうひとつの目的があったのだ。そこには、近代化によって反転させられた住民の美意識や景観基準を、あらためて問いなおすという意図もうかがえる。

しかし、その一方で、嘉田らが提唱している生活環境主義においては、その土地に住む居住者の生活上の必要がもっとも重視されていた。水路のコンクリート三面張りやヨシ帯の埋め立てという、一見して環境破壊的な行為にたいしても、住民の都合（たとえば洪水を防ぐ）を優先するという観点から十分な理解が示されてきていたはずである。そのことと、今回のホタルをめぐる主張とのあいだには、予想以上に複雑で、一筋縄ではとらえきれない関係が控えているように思われる。

先に引用した住民の報告は、たしかにこのホタル調査が身近な生活環境を見なおすきっかけとなっていることを示している反面、（当然ながら）住民は住民で、研究者とは違った独自の意味づけ（「あぁ、こんな時間をもてるだけで充分だ」）をこの調査にたいして行っているという事実を伝えている。さらに、「川がきれ**い**に（＝コンクリート張りに）なった時、竹やぶが切られホタルがほとんどいなくなった」といった報告が住民から次々に寄せられていることから、この調査が研究者の意図に反して、前述の近代化された美意識をむしろ強化する方向に働く可能性も否定できない。このような点を考慮すれば、私は住民のなかに、啓蒙・啓発の論理を軽々と越えでてしまう生活者のローカルな論理を、どうしても認めざるをえないように思う。

もちろん、美意識にかんするまったく正反対の解釈も可能である。「（昔は屋根葺きに使う貴重品だったが）いまじゃヨシを使うもんはだれもおらん。ゴミがたまるだけですさかい」という、ヨシ原を不要とする住民のローカルな論理が、一見したところマス・イメージにとらわれてしまっているようにみえる先の「きれいさ」の基準に、同様に貫かれていると見なす解釈も残されているからである。ということは、私たちがここで向きあっている住民の環境表象は、現状においてはきわめて多義的で複数の解釈に開かれた存在として把握するほかないことを意味している。この環境表象の不明確さ（非限定性）という性格こそが、環境表象の他者性の現れにほかならない。

環境表象のもつ他者性を充分に理解するためには、それを形成している生活知のもつローカルな論理をあらためて明らかにしなくてはならない。環境調査の場が、普遍性を特徴とする科学知の産出とローカルな性質をもった生活知の産出に、ともにかかわっていることはすでに指摘しておいた。そして、両者の関係が、中西の報告にあったような（一時的にせよ）幸福な結婚にいたるケースはいたってまれである。

むしろ私たちは、これらの知のディスコミュニケーションや乖離といった現象を主題化していかなければならない[6]。ここで、この論文の表題に用いられている語が、「対話」ではなく〈対話〉であった点に注意していただきたい。私は〈対話〉という言葉を、一般的な意味での「対話」と区別して、あえて異なった知のあいだにあるディスコミュニケーションを把握するために用いている（三浦 二〇〇四 二三二―二三四頁）。

その点で、嘉田の論文が注目に値するのは、先に指摘した啓蒙的な意図と記述のあいだで不断に生じている緊張感が、著者が自分自身の位置を十分自覚して双方の知のあいだにおいていることと無関係ではないからである。おそらく嘉田は、啓蒙的な姿勢をとりながらも、その一方で、ローカルな生活知によってそれが超えられる期待や、そうした期待がやすやすと裏切られてしまうという自覚を、はっきりもっていたと思われる。

4　治水の二つの知

大和郡山市における食肉流通センター（屠場《とじょう》）建設問題にかんして、奈良県と住民のあいだで長期にわたる係争が続いている（具体的な経緯については、本書の第2章、3章で詳述する）。その争点のひとつに、「遊水地」問題があった。住民側が、食肉流通センターの建設場所は地域の水害対策のために保全の必要な「遊水地」であると主張するのにたいして、奈良県側は、当該地は「遊水地」にはあたらないという立場をとってきた。そしてその間、双方の立場にたった複数の環境調査が試みられ、両者のあいだにある環境認識の相違があらためて浮き彫りにされる結果となった。

結論から先にいえば、当該地はたしかに河川法のいう「遊水地」にはあたらない。しかしながら、その土地が「遊水機能」をもっていることは県側も認め、食肉流通センター建設と引きかえに周辺の「遊水機能」をもつ土地を買収して永久的に保全するという条件提示を住民にたいして行うこととなった（そうした県の対応は、住民のあいだに猛反対を引き起こすとともに、住民組織の分裂も生みだした）。

それでは、「遊水機能」と、住民の主張する「遊水地」とのあいだの根本的な違いはどこにあるのだろうか。この相違を理解するためには、これらの相反する環境認識の背後にある二つの知の性格や形成を問うてみなくてはならない。

さて、はじめに確認しておきたいのは、この食肉流通センターの建設問題が生ずるまで（より正しくは、建設計画が公表されてまもなく戦後最大級の洪水にみまわれて、建設予定地が水没するという事態が生ずるまでは）、住民にとって「遊水地」という言葉はまるで馴染みのないものだったという点である。それが、建設反対運動のスローガンのひとつ（「遊水地を破壊するな！」）に用いられるほど住民の認識に根づくにあたっては、鈴木良らによる治水調査の果たした役割が大きかった（地域史研究会編　一九八五）。というのも、図1の「請堤と遊水地の分布」が発表されることによって、これまで地元の言葉で「泥田《どた》」とか「水漬きの田（畑）」と呼ばれて嫌われていた土地が、防災面で「遊水地」としての大切な機能を果たしていたことが、住民のあいだに再認識されることになったからである。

それぞれの治水施設のしくみについて簡単に説明しておこう。図を上から下に流れる佐保川の流域では、左右の堤防に一〜二メートルの段差が設けられている所が随所に見うけられる。その低いほうの堤防は乗越堤《のりこしづつみ》と呼ばれ、佐保側の水位が増したときにそこから水を低地部に導き入れて、人為的に氾濫を引き起こす働きがある。そのために佐保川の河道（河幅）は広がり、流水の勢いが弱められるとともに、下流域の増水を遅らせる働きもする、というしくみになっている。また、このように人為的に氾濫させた水が集落に及ぶのを防ぐ目的で、平野部にはりめぐらされているのが請堤《うけづつみ》である。これらの施設は中世末にさかのぼるといわれ（たとえば、中世の武将、筒井順慶にちなんで「順慶堤防」と呼ばれる堤防がある）、なかでも請堤は今日でも住民自身の手で日常的に維持管理が行われている。

鈴木らの調査のもうひとつの意義は、地域全体を俯瞰する治水地図を作成したことである。それによって、それまでは防災上の利害範囲（たとえばムラ内や隣りムラとの境界）に限られがちだった住民の認識を、空間的にも一挙におし広げることになった。それに関連して、鈴木らは、図2の「土地開発の状況」を呈示することによって、近年、都市化に伴って「遊水地」が宅地や工場などに転用されて、「遊水地」の機能が低減していることを警告していた（なかでも、河川沿いで公共施設への転用が目立つことが指摘されている）。

私たちにとってとくに興味ぶかいのは、この調査にたいする住民の受けとめ方である。鈴木らの研究が、区有文書の公開など地元住民の積極的な協力のもとに行われた経緯もあり、調査結果やそれにもとづく提言はスムーズに受け入れられたといってよかろう。それはその後、住民運動側がこの研究結果をさらに多角的に実証するために、国土問題研究会にたいして「佐保川流域総合治水方策に関する調査」（国土問題研究会　一九八八）を委託したこと

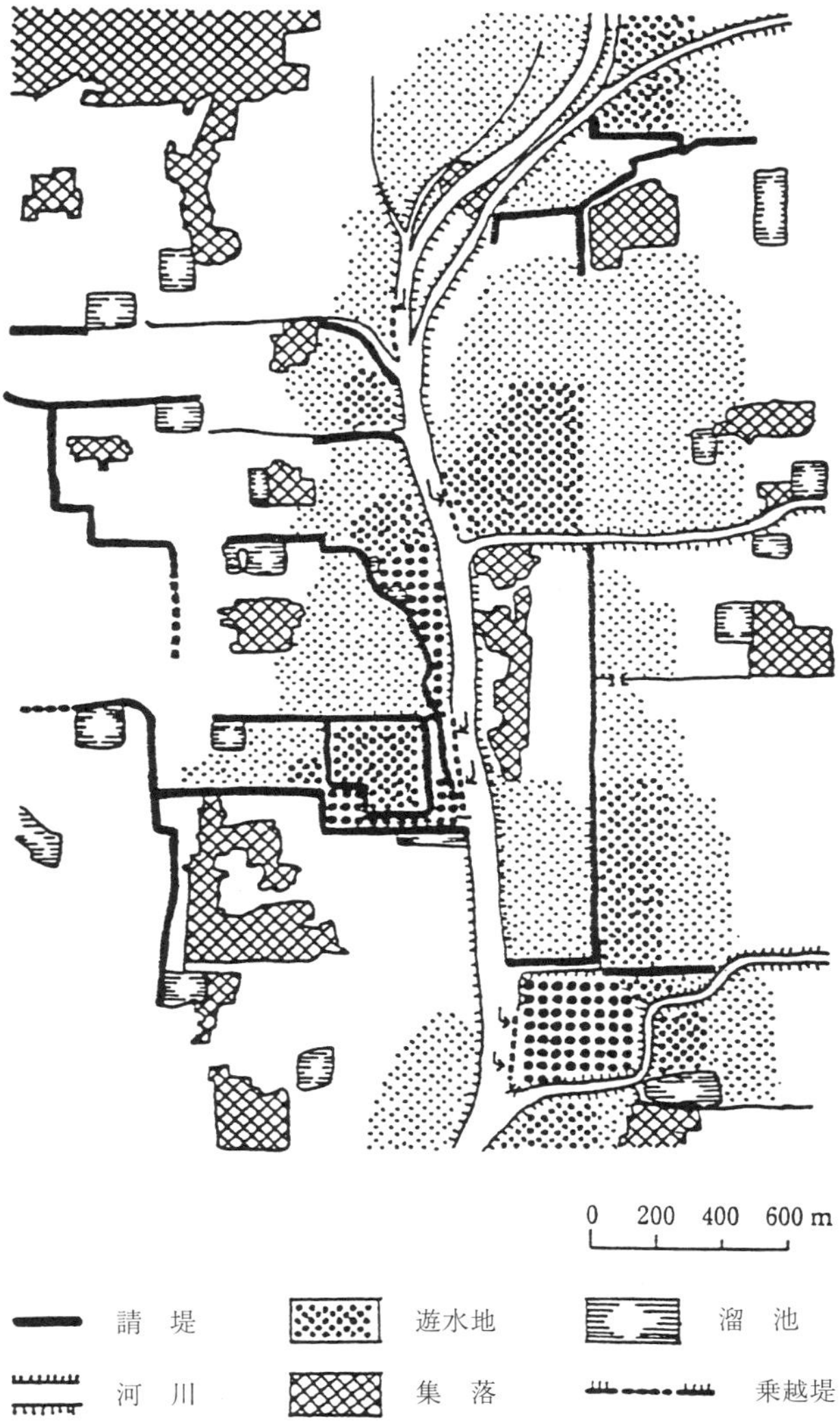

図1　請堤と遊水地の分布
（出典）地域史研究会編（1985：16）

からもうかがうことができる。とはいえ、住民側は、これらの知識をただたんに受容しただけではなかった。これまで聞いたこともなかった専門用語（「遊水地」）を自分たちの洪水体験と結びつけることによって、住民のなかに次のような独自の知が生みだされてきたことは、とりわけ注目に値する。

「遊水機能を果たすというのは、水を遊ぶということですわな。せやから一定の水位あがって水はじっとしとると違いまんね。この（食肉流通センター予定地に）水ついたときにも、しじゅう水は動いとりまんねで。広範囲なとこ水動っこるのと、（センターが建設されて）限られた範囲水動っこるのと差し引きのとき、堤防の洗われる度合いというのは、ものすごう危険度が高い」（治水対策に関する現場説明会（一九八七年十月二一日一四—一七時）における住民運動の会長の発言）

このような認識を、請堤や乗越堤にまつわる近世や中世までさかのぼる伝統的な知の一部と見なすとすれば、それは大きな間違いである。

「そやけどもこの（屠場の）問題がなかったら、そういう知識も、ま、ついたらしまへんだわな」といわれるように、ここにあるのは、食肉流通センターの建設計画や、洪水被害、それから治水調査といったそれぞれに一回的な出来事の積み重ねのなかで歴史的に形成された治水にかんする現代のローカルな生活知というべきである。図1の「遊水地」地図は、このようなローカルな知から息吹を与えられることによってはじめて、真の意味での地域の新しい環境表象となったのであった。

それでは、センターを建設する土地が「遊水地」ではなく「遊水機能をもった土地」とする県側の見解は、どのような知によって裏づけられるのだろうか。それを理解するために、まず、わが国の治水事業が、明治以来、高く

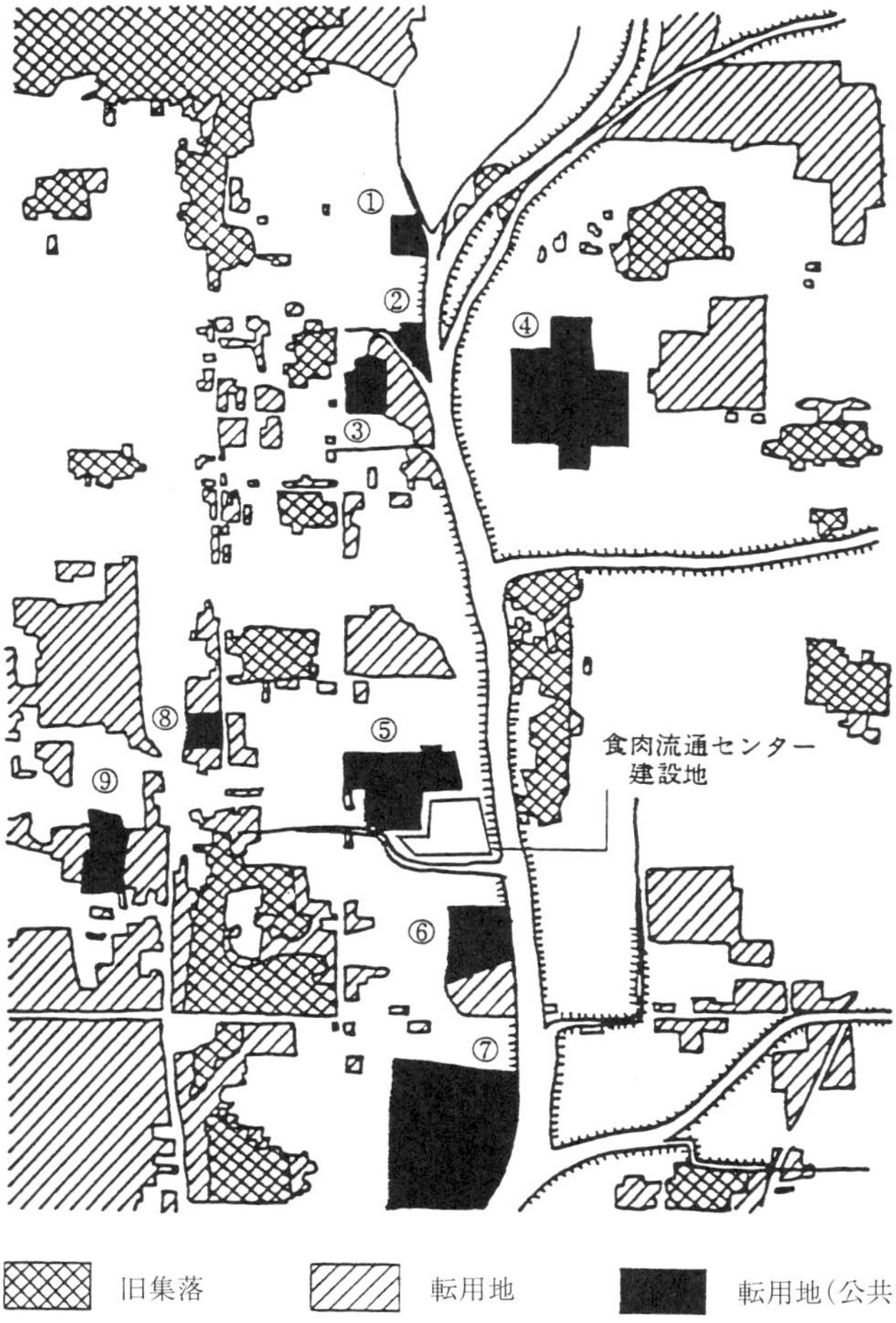

①公共下水道郡山ポンプ場（約 1*ha*）　②市立衛生処理場（約 0.6*ha*）
③郡山警察署・郡山郵便局（約 1.2*ha*）　④県営住宅（約 8.7*ha*）
⑤県立盲ろう学校（約 4.2*ha*）　⑥県立北和女子高（約 2.6*ha*）
⑦県中央卸売市場（約 13*ha*）　⑧筒井小学校
⑨郡山南中学校
（注）　面積は読図による。

図2　土地開発の状況
（出典）地域史研究会編（1985：17）

切れ目のない堤防（連続堤）を築いて集落や田畑を河道から隔てることをめざす、いわゆる高水工法をとっていることを確認しておきたい。そのような前提のもとで、現在の事業は、長期的な河川改修事業（堤防の建設・河幅の拡張・ダム建設などによって河川の氾濫を防ぐ）と、それを補完する意味での短期的な総合治水事業（土地利用面での流出抑制）とに分けられる(7)。

重要なのは、河川部分の対策は河川改修事業で行い、河川以外の土地にかんしては総合治水対策で行うといった分業体制が、はっきりと定められている点である。では、平常時には田畑として利用されておりながら、いったん洪水となると河川の役割を果たす「遊水地」とは、はたしてどちらの事業の管轄下におかれることになるのだろうか。じつは、今日、「遊水地」はどちらの管轄にも属していない。つまり、このような分業体制のもとでは、これまで見てきたような「遊水地」は、本来、存在すること自体が認められない存在だったのである。県側が「遊水地」の存在をかたくなに否定した理由は、そこにあった。

もちろん、慣行的な利用権が法的な認知なしに存続しているケースは、たとえばある種の入会地にも見うけられるように、けっして珍しいことではない。しかし、少なくとも環境認識にかんする限り、行政側の認識と住民側の認識のあいだできわめて非対称な関係性が生じているといわなければならない。「遊水地」という環境認識を支える今日の住民の生活知からすれば、行政の治水事業の不十分さはあまりにも明瞭である。なぜなら、長期的な河川改修事業が完成するのは予定では半世紀以上先であり、それまでは行政としても実質上は現存する「遊水地」に治水対策の一部を頼らざるをえないからである(8)。

ところが、行政としては先のような分業体制に支えられる限り、「遊水地」を環境政策に取り入れられないばかりか、「遊水地」という環境表象の存在自体が圧倒的な他者としての位置にとどまるほかないのである。そこには、治水事業の分業体制からの制度的拘束を受けて、住民の生活知にもとづく環境政策批判を受け入れることのできなくなっている支配的な知の姿がある。

注

（1）この点については、すでに序論において、研究者（第三者）的視点にのみ立脚している限り、表象問題を扱えないことを指摘しておいた。

（2）『環境社会学研究』第一三号（二〇〇七）が、「市民調査の可能性と課題」を特集しているが、多くの論者がこの専門知と生活知の関係性を主題化し、それぞれが踏みこんだ議論をしており興味深い。たとえば、蔵治（二〇〇七）は、ストレートに「参加者の楽しみを優先する市民調査」を提案して、市民調査のもつ市民への啓発的な意義を強調している。それにたいして、この論文で私が強調したいのは、むしろ市民参加型調査が研究者にたいしてもつ「啓発的な」意義についてである。

（3）この点については、立澤（二〇〇七）が、政策提言型市民調査の失敗例と成功例を比較していて参考になる。ただ、私のここでの論点が、住民に独自の生活知が専門家にもたらす影響・インパクトの方にあるのにたいして、立澤の関心は、専門家がどうすれば市民のなかの専門性や能動性を損なわずに市民と協働していけるのか、という点におかれている。ただ、そのさい、「市民の専門性」を専門知に引きつけて解釈しており、生活知（と専門知のズレ）への視点が弱いように思われる。

（4）なお、中西らによる環境アセスメントが行われたのは一九八一（昭和五六）年のこと。それから一六年後に環境影響評価法が制定されたが、依然として情報公開や住民参加の不十分さが指摘されている。たとえば、浅岡（一九九八）は、「本環境影響評価法では、行政や事業実施主体と住民との共働関係はまったくなされておらず、情報形成への寄与が期待されているに過ぎない」（三九頁）と手厳しい批判を投げかけたが、その点で、結果はともかくとして中西が採用した住民との協働のかたちは、今日でも十分に参照する意味をもつと思われる。

(5)私自身も、本書第7章で報告するように、「調査拒否」を行使する住民の生活知との遭遇をきっかけとして、独自な「カテゴリー化」論(三浦 二〇〇四)の展開を試みたことがある。

(6)なお、丸山(二〇〇七)が、「順応的管理」論との関係で、当事者性をもつ主体が複数競合する場面を想定しながら、「環境社会学的な知と生活知の間にも緊張関係が存在する」と述べているが、そうした「社会科学における科学知と生活知の緊張」の存在も、私がここで指摘したような「知のディスコミュニケーションや乖離」に通じるように思われる。

(7)これらの知識については、大熊(一九八八)が参考になった。

(8)二〇〇八年夏に日本各地を襲った集中豪雨は、各地で大きな被害を出した。とりわけ、都市の下流地域で降雨の時間帯をはずれた河川の急激な水位上昇によって多くの犠牲が出たことを受けて、ダム建設や堤防の改修に集中していた治水事業を見なおし、本章で見てきたように上流で人為的に河川の氾濫を起こさせることにより下流域の増水を緩和させる方策が探られつつある。

第2章　屠場《とじょう》建設問題と環境表象の生成
——環境の定義と規範化の力

1　規範が生成する場所へ

私はかつて『環境社会学』（飯島編　一九九三）の書評を行ったさいに、環境問題にたいする今日の研究状況に見られるのは、諸理論の競合というよりも、理論間の棲み分けではないかと述べたことがある(1)。その裏には、かねてから抱いていたある危惧があった。環境問題の多様化が異なったアプローチを要請してきている一方で、それぞれの理論に共通する問題を議論する土俵まで見失われてしまったのではないか、という懸念がそれである。

たとえば、今日一般に環境問題への有力なアプローチと目される社会的ジレンマ論と生活環境主義とは、前者の数理社会学的な操作主義と、後者のフィールドワークに依拠する経験主義という方法論上の違いから、水と油のようにまったく相容れない理論であるかのようにとらえられてきた。また、双方の研究者のあいだでストレートな相互批判が行われていないのも、そのような理論的な立場の相違が原因であると信じられているフシさえある。しかしながら、私見によれば、社会的ジレンマ論と生活環境主義は、そうした見かけとは反対に、ある部分で非常によく似た理論的前提に立っているのである。両者が取り立てて対話の必要性を感じないとすれば、理由はむしろその点に求められるべきかもしれない。

生活環境主義(2)が、地域住民の「言い分」や「納得と説得の言説」を重視していることはよく知られている。とりわけ「住民が途中で意見を変えるという事態」、すなわち「生活者の言説の豹変」に着目したことが、その理論構成上の出発点となった。そこに、言説を主体の出自や社会的属性や経済状態に直接結びつけて理解しようとする、従来の決定論的思考にたいする根本的な批判がこめられていることは重要である。また、生活者が、みずからの言い分を、こじつけや言い訳などといった生活知にひそむ「操りの力」を駆使してつくりあげることを明らかにしてみせた点も、大きな成果であった。

しかしながら、そのような生活知が「地域生活者の生活の必要や有用性などに依拠し、それらを日常生活の営みのなかで便宜的に活用する知慧」（強調引用者。松田 一九八九 一二五頁）としてとらえられるにいたると、にわかにその主張が社会的ジレンマ論の主張と似通ってくるのである。というのは、社会的ジレンマ論が前提とするのも、生活者の「個人的合理性」であり、それは「社会の構成員一人一人が豊かさや快適さなどの利便性を追求する」（強調引用者。海野 一九九三 五一頁）という欲求追求行動として現れるものだからである。両者の主張に共通する背後仮説として、功利主義的人間モデルを指摘することができる。

そもそもホモ・エコノミクス的な人間モデルの批判のうえに立脚していたはずの生活環境主義が、このようなモデルへの回帰を見せたことは意外に感じられるかもしれない。だが、そこに理由がないわけではない。おそらく、『水と人の環境史』（鳥越・嘉田編 一九八四）から『環境問題の社会理論』（鳥越編 一九八九）への飛躍のなかにその鍵は見いだされるはずである。それは、日常生活における規範化作用にたいする顧慮の低下と言いあらわせる。

さて、私が先に共通の土俵で議論する必要があるといったのは、じつは環境問題の展開過程におけるこの規範化作用を把握する重要性についてであり、言いかえれば、功利主義的アプローチがそうした現象を対象化できないために、意図せざる結果としてその作用に加担してしまう危険性にかんしてなのである。

それでは、規範化作用とはなにか。はじめに、私の用語と基本的な考え方を明らかにしておこう。「規範化」とは、集団規範の生成・強（弱）化・変容のプロセスや様態を問うための概念であり、別の表現を用いれば〈共同性の生成過程〉のことである。なかでも私の関心の対象は、一定の領域内の限られた生活資源の利用にかかわる認知から評価・行動にわたる諸基準の生成や変容である。この規範化のプロセスは、次の二つの水準から考察される。

生活の場で多義的な方向性をはらみつつ表出された行為や言説が、ある方向へと水路づけられて限定されたロジックのもとに統合されていく現象がある。これはたとえば、言い分の形成や正当性の主張において頻繁に見うけられる。このように、規範化があるロジックに導かれることを、「規範化作用」と呼ぼう。

しかしながら、本来規範ないし共同性の生成の場には、外部社会や自然条件との複雑な関係性のなかで当該集団の生理に自発するとしかいいようのない多義的で混沌とした力がみなぎっている。このようなロジック以前の根源的な力を、「規範化の力」と呼ぶことにしよう。以下では、この二つの水準のあいだの、ある場合には対抗関係に、またある場合には相補関係に着目することによって、規範化作用に働くロジックを吟味していく。

ところで、これまで規範化作用に自覚的であった領域は、たとえば公害研究があげられる。なぜなら、公害被害者運動は、対外的には企業責任の追及や公共性批判において、また対内的には運動組織の維持において、正当性の創出にたえず腐心してきたからである。私自身、生活環境主義の諸業績に多くを負いながらもこのような問題関心を抱くようになったのは、「迷惑施設」の建設という公害問題にきわめて近い研究対象にめぐりあったことが大きかった。

ここで「迷惑施設」とは屠場（食肉流通センター）のことである。奈良県の大和郡山市で、屠場の建設が地域の環境にふさわしいかどうかにかんする、行政（県）と住民のあいだでの環境の定義をめぐる長い闘いが行われた。

以下では、屠場建設反対運動のなかに働いている規範化作用を、住民の意志決定や環境表象の生成の側面から考えていくことにしたい。

2　生活環境主義の飛躍

屠場建設反対運動の困難性

屠場建設反対運動は、生活環境主義が対象としてきた事象よりもはるかに困難な状況におかれていることを、はじめに指摘しておかなければならない。大和郡山市のケースでは、その発端は一九八一（昭和五六）年にまでさかのぼる。年の暮れも押し迫ったころ、市の南部の田園風景を残す一角で、近くに屠場ができるらしいという噂が広がった。じつはそのとき、県と市によって秘密裏になされていた用地買収は、すでに完了まぎわまで進んでいた。用地の確保が先行し、住民への説明があとまわしにされて事後承諾のかたちになったことが、翌八二年二月に地域自治会（筒井校区自治連合会、一一自治会、二千世帯）を母体とする「と畜場建設反対期成同盟」（以下、期成同盟と略記）が結成された第一の理由であった(3)。

しかも、建設予定地に県立盲学校・聾学校が隣接していたことから、両校の教職員やＰＴＡ（育友会）とも連携する反対運動がくり広げられていった。そして、その争点も盲学校・聾学校の教育環境から地域の教育環境の問題へ拡大していった……。

このように書くと、なかには首をかしげる人も出てこよう。盲学校・聾学校の隣に屠場が立つことで、いったい、どの程度学校教育に差し障りが出るというのか。ましてや、それによって地域全体の教育環境の悪化をいうのは、屠場関係者への差別ではないか、と。

この点にかんしてどう判断するかは、本書全体をつうじての課題である。ただ、少なくとも現時点で明言できるのは、屠場の存在が教育環境に及ぼす影響については、私たちは専門的にも経験的にも明確な知識をもちあわせていない、ということである。それにもかかわらず、反対運動を行う以上、住民は外部社会にも通用する言い分をつくりあげなければならなかった。先にこの運動が困難な状況におかれたといったのは、そのような意味においてである。

この点を、生活環境主義の研究と比べてみれば、いっそう明瞭になる。生活環境主義が取り上げるのは、当該集落にかなりの程度イニシアティブが握られるような環境改変のケースである。たとえば、水路の改修、簡易水道の敷設、地域内の堤防の建設などがそれにあたる。そのような場合には、たとえ係争が生じたとしても、「その地域において選択の幅として許容されている慣用的な『納得と説得の言説』」（松田　一九八九　一一五頁）の範囲内で合意が成立する。その合意はたとえば、「村は同じ水を飲んでこそ村やで」というフォーク・タームによって表現されるという。だがこのように説明されてしまうと、私たちはそこに、一定の「納得と説得の言説」の束を共有する地域社会が、意志決定過程において示す予定調和的な自己充足性を見ないわけにいかない。

生活環境主義の問題点

もちろんこのような対象（イッシュー）だからこそ生活環境主義のアプローチが有効なのだと納得しては、理論の「棲み分け」をさらに助長するだけだ。したがって、この意志決定過程の自己充足性という認識の背後にあるオプティミズムを問題にしなければならない。

まず、生活環境主義が集落の意志決定を論ずるさいに前提としている、ムラ人のコミュニケーションにかんする独特な解釈枠組みに注目してみたい。たとえば、あるムラのリーダーの言説がそれまでとは一八〇度変化したにもかかわらず、ムラ人があいかわらずそのリーダーの言説を支持し続けたとしよう。生活環境主義では、それを次のように説明する。「この『言説』の下で統合された人びともまたこれがあくまで個人の理念や属性から必然的に出たものではないことを知っているということだ。知っているがゆえに、それを了解しつつ彼らはその言説に『説得』されているのである」（松田　一九八九　一〇五頁）。この記述による限り、ムラ人にたいする言説の支配の風景も、きわめて牧歌的である。

また、コミュニケーションを成り立たせる規範の性質についても、次のような功利的なしかたでとらえられる。

「ある人がある人に対して行為をするとき、行為をする側はされる側の感受性を見ているのがふつうである。すなわち、受け皿である行為をされる側が、ある種の感受性がないとすると、働きかけをする側である彼は、自分の選択肢のうち、それが受け皿の側の感受性の枠外のものならば、その選択をすてざるをえないのである。なぜなら、そのベクトルは有効性をもたないからである」（強調引用者。鳥越　一九八九　一二一頁）。

これらの認識から浮かびあがってくるのは、お互いがお互いのことを知りつくしているような強固な絆によって結ばれた世界である。しかし、それはそれで、なかなか過酷《シビア》な人間関係であるはずだ。ところが『環境問題の社会理論』では、そのような関係のなかでの規範の拘束的な働きが楽観的にしか描かれないのである。それは、以上のような功利主義的な発想の結果としてもたらされたと思われる。

じつは『水と人の環境史』においては、水利用にまつわる村内の相互規制がこと細かに取り上げられていた。また、ムラの開発事業にかんしても、ムラ財産にたいする伝統的な管理の論理の再生が強調されていた(4)。おそらく、このような伝統の創発性や可変性をふまえた規範主義的なアプローチこそが、初期の生活環境主義の性格を特徴づけるものだった。そこからの飛躍のために引き起こされた問題を二、三指摘しておきたい。

第一に、ムラ規範の示す強力な相互規制の存在、さらにはそのような相互規制が生成ないし強化されていく過程（その過程を私は規範化と呼んでいる）を充分に把握できなくなる。なぜなら、そこに見られる規範化作用は、各人の感受性やそれにもとづく納得や説得の有無を越えて、個々人に圧倒的な影響を及ぼすものだからである。とはいえ、規範主義的アプローチと功利主義的アプローチを背反的にとらえる図式的理解の愚をおかしてはならないだろう。『環境問題の社会理論』の功利主義的アプローチは、『水と人の環境史』があってはじめて可能になったものだからである。前者のオプティミズムは、後者のなかで明らかにされたムラ規範の、柔軟でありながら、かつまた確固とした存在への信頼にもとづいている[5]。したがって問われるべきは、(1)そうしたムラ規範はほんとうにかくも手放しで信頼しうるものなのか、という点、および(2)ムラ規範への信頼と功利主義的アプローチの接合によっていかなる齟齬が分析のなかに生じてきているか、という点である。

第二に、外部社会からの権力的な介入にたいして、生活環境主義はあまりに無防備であることを指摘したい。たとえば、「地域に生活する人びとは、転倒されない便宜や有用性を駆使して、外部社会からの支配的な方向づけに対して、ときに妥協点を探り、ときに一時的に服従し、あるときは激しく抵抗した」（松田 一九八九 一二五頁）（強調引用者）と述べられている。ここで「転倒されない」とは、「人びとの生活を外から支配することのない」とも言いかえられているが、そのような「転倒」こそ、私たちの身のまわりで日常茶飯に起こりうることではないか。とくに外部社会との緊張関係のなかでの「生活者の言説の豹変」には、つねに「転倒」への危険性がはらまれているのである。

以上の点に留意しつつ、奈良県における屠畜場建設問題のただなかに入っていくことにしよう。

3　規範化作用について

反対運動と規範化のロジック

私が大和郡山市で屠場建設反対運動を行っている住民組織（期成同盟）にはじめて接触したのは、一九八六（昭和六一）年の十二月だった。いまでもよく憶えているのは、事前に連絡がつかずふらりと現地を訪れた私を、運動を調べにきた者がいると人づてにきいた期成同盟会長のAさんと役員のHさんが、宿泊していた市内の旅館までわざわざ訪ねてこられたからである。

振り返ってみれば、その頃反対運動は五年目を迎え、住民と機動隊とのたび重なる衝突によって紛争は泥沼化していた。また同和対策事業がらみの不正事件の責任を問う市長リコール運動（これにも期成同盟が中心的に関与していた）のさなかでもあった。そのとき一時間あまりにわたってうかがったお話のなかでは、「この五年間の経験がなかったら、政治意識の高まりや婦人部の活躍に見られる地域の変化はなかった」「全県民的視点から、地域の教育を考える必要がある」「この運動は、広い意味での自治運動であり、市政を変える運動もその一環である」などといった、切迫した情勢にありながら冷静な運動論的見方がなされていたのが印象に残っている。

もうひとつ、そのときの話のなかで、後になって何度となく思い起こさざるをえなくなった事柄がある。Hさんが、自分たちの運動のモットーとして「なんでもオープンにする」点をあげて、民主的な運営（週二回の運営委員会・代表委員会と隔週に各自治会から五名以上が出席する常任委員会がある）や幹部とほかの住民との信頼関係を強調したあとで、とくにリーダーとしてのA会長の人望に触れ会長の人柄や住民をまとめる手腕をほめちぎったのである。その場で、A会長がひどく恐縮していたのを覚えている。

このことがなぜ忘れがたい印象を残したかといえば、三度目に現地を訪れた二年後の一九八八（昭和六三）年十一月に、私は同じHさんの口から、今度は苦渋にみちたA元会長への批判を耳にすることになったからである。その間に生じたのは、反対運動のなかの白紙撤回派と条件闘争派の分裂であった。この条件闘争派の旗頭がA元会長だったのである。Aさんの言い分は、「県は（食肉センターを）建てよる。建てられたら言うこと聞きよらへんで。きちんと手をうたねば」というもので、「手」とは、次節で見るように遊水地の買収をはじめとする溜め池の改修や用水路の改修などの条件を、県から引きだすことだった。

この「Aさんの言説の豹変」を、私たちはどのように受け止めることができるだろうか。たしかに、条件闘争を示唆するAさんの言説は、一部の住民に「納得と説得の言説」として受け入れられた。そして、その後Aさん中心に「周辺地域の町づくりを考える会」が結成され、その関係から出た建設同意書にもとづき、県は農水省から補助金の交付を得て本格的に着工した。ただ、次のような情報を勘案するなら、この「言説の豹変」を、単純に転倒されない生活者の便宜にもとづくものということはできないだろう。白紙撤回派の住民が今日明らかにしているところによれば、Aさんは会長職にあった一九八三（昭和五八）年頃よりすでに、当時の奈良県会議長や県当局と極秘の接触をくり返し県との癒着を起こしていたという。

とはいえ、多数派を占める白紙撤回派の人びとのいう、Aさんが「裏切った」のは、「よそ者であり経済的にも不安定な状態にあったせいだ」という理由づけをそのまま素直に受け取るわけにはいかない。Aさんをはじめとして「周辺地域の町づくりを考える会」の人たちは、その分派行動によって、一見したところ行政権力に屈したかのようでありながら、もしかすると彼ら自身の転倒されない便宜や有用性を貫徹しえているのかもしれないからである。

ここで私たちが向かいあっているのは、生活環境主義的に見るとどちらとも
いえないようなケースである。しかし、むしろ今日ではこうした外部権力の影響と「操りの力」とが交差するケースの方が一般的ではないだろうか。

このような事態を前にして、生活環境主義が判断停止を余儀なくされてしまうのは、それが前提とする意志決定空間の自己充足性以上に、規範化作用を過小に見積もっているところに原因があるように思われる。A元会長の翻身のケースは、それ自体は多義的な「操りの力」が行政権力からの圧力のもとで一定の方向（条件闘争）へと水路づけられていく様をよく示している。私たちは、このような権力支配のケースも含めて、規範化のロジックが外部から与えられるようなとき、それを外からの規範化作用と呼ぼう。

内からの規範化作用と伝統の物質的基盤

だが、それにもまして重要なのは、こうした「操りの力」あるいは言い分形成への規範化作用は、住民同士の関係性のなかでも程度の差はあれ、つねに働いているという点である。たまたま生活環境主義は、外部権力によって翻弄されることの少ない集落内部の自足的な言い分形成の事例を取り上げることが多かったがゆえに、さしてその作用を考慮する必要がなかったにすぎない。しかしながら、強力な外部権力からの支配のもとで自分たちの言い分を主張していこうとすれば、住民相互のあいだにも強い規制が働き、その結果、形成された言い分が圧倒的な影響力（支配力）を当の住民にたいして及ぼすようになる。言い分形成のロジックが、このように内発的に生みだされるとき、私たちはそれを内からの規範化作用と呼ぼう。

反対運動の分裂の危機にみまわれた白紙撤回派が自分たちの正当性を主張し、また団結を維持するために用いた「納得と説得の言説」のなかには、次のようなものがあった。

「わしらは、ずっとここへ住まなならんのに、こんな（県の）やり方認めてしもたらな、あいつはこんなことやったと、死んだかて子や孫が墓参りもしてくりょらん」

「昔から〇〇町（分裂後、運動を離脱していった自治会）ゆうのはそういうとこらしいですわ。反対反対て自分とこから火をつけときながらですな、最終的な段階になってきたら、ぱっともらうもんをもろうて住民運動から引きさがると、いうのがあれ」。

これらの言説が発せられた瞬間には、たしかに地域社会に住む人びとにとってピンとくるものがあったにちがいない。だから、これらの言説にすすんで説得されていった人も少なくなかったはずだ。にもかかわらず、流布されたこのような言説は、またたくまに当初の軽やかさを失い、住民をゆるやかに縛り始めるのである。

環境問題においては、この場合のように取り立てて意識することなくお互いがお互いを縛りあう内からの規範化作用にたいして、もっと注意が払われるべきだろう。なぜなら、生活知における「操りの力」の軽やかさとは対照的に、「便宜や有用性」に厳しい枠をはめる働きをしているものこそ、伝統の物質的基盤にほかならないからである。たとえば、生活環境を構成する治水・利水などの施設がそれにあたろう。

私たちは、そのような施設を含めた自然環境にたいする表象の生成に立ち会うことによって、その過程に働く規範化の力と規範化作用との複雑な関係性を検討することにしよう。

４　「遊水地」という表象

水害体験と環境表象の生成

教育環境と並んで、自然環境の問題、よりくわしくは治水問題が重要な争点のひとつに浮かびあがってきたのは、期成同盟の結成から半年ほどたった一九八二（昭和五七）年八月のことだった。台風一〇号がもたらした集中豪雨によって、大和川流域に大規模な水害が発生し、中流の大和郡山市でも佐保川周辺に広範な浸水被害が出た。そのさいに、佐保川ぞいにある屠場（食肉流通センター）建設予定地は水没し、隣接する盲学校・聾学校も床上六〇センチの浸水被害を出した。また、さらに予定地周辺の堤防が決壊する恐れが出てきたため、多数の住民が土嚢積みに出てようやく難を免れるといった事態も生じていた。

このときの洪水は、七十歳になる筒井町のIさん（期成同盟の二代目会長）にとっても、それまでに経験したことのない規模のものだった。見回りに出たときの体験を、Iさんは次のように語っている。

「ミニ体育館にいてな、なんやー、これなんやのぅ、やまへんのぅちゅうて、これあんた半長でやなあ、長靴はいて、こぅのぼるのにうわぁっと逆流してきよってな。ほいでこっからでて十五分ほどこう歩いたらだんなぁ、この順慶堤防のここにのぼりまんねな、ここまできたときにもう腰まで水、ばあっと押してきよりましたで、それが四時ごろや」

それから、危険箇所への土嚢積みがムラ総出で始められた。

「だいたい、役員ちゅうのがムラでいますわな、改良区やったら理事長以下理事、自治会やったら自治委員長、または隣組長とかな、そういう人が主にまぁ出てくれえというような連絡を入れて、ほんで出てもらいまんねね。大昔は、その鐘鳴らさはりましてんけどな、いまはもうそんなことせんかて勤め帰ってきはらはったらな皆出てくれはりましたよってにな、消防団はむろん出てはるし、わしらも出ました。ほとんど村中うちにいるもんは、とくに農家のもんはな、総出で土俵を積みましてん。……が、恐したで、うん、もう一段積めぇいうてくるんだ、二段積んだら気遣いないやろう思うて二段積んでのに、もうまた水位が上がってきよるもん、あっちゅうまに増えよりまんな、うん」

建設予定地のある丹後庄町においても、同じように男性は土嚢運びに、女性は炊き出しにと、まる一日総出で事にあたったという。このときの地域の経験が、反対運動の自然環境面での認識をあらたにする決定的な役割を果たしたことは想像にかたくない。この災害のあとに行われた期成同盟の第二回総会の決議文に、「と畜場建設予定地は、水害対策のために古来より遊水地帯として保全されてきたものであり、住民生活を守るうえで重要な役目を果たしているものである」という記述があり、それ以後「遊水地の保全」がスローガンに加わることになる。ただ、注意しておかなければならないのは、この時点では、新住民はもとより農業に携わってきた旧住民にとっても、「遊水地」という言葉は馴染みのないものだったという点である(6)。

一方、屠場（食肉流通センター）の施工主である県農林部にとっても、建設予定地が水没してしまうということは、文字通り不測の事態であった。だが農林部側は、環境アセスメントが事前になされていないという期成同盟の批判は認めたものの、あらたに「センターに調整池を設けるので治水対策は万全である」という主張を行ってきた(7)。それにたいして期成同盟側は、たとえ調整池を設けたとしても、水害の危険性はなくなるどころか以前よりも増すと反論した。これも、Ｉさんの言うところを聞こう。

「あんたとこが穴掘ったるときに、水は喜んでその穴へ入りよんのかて言うわけ。あんたらはやな、腕章つけてその水をやな、ここへ入んなさいて誘導でけんのかて言いまんね、わし。うまくはよう言わんけどやな、理屈というもんはそういうもんだんね。……水がやなぁ、佐保川から溢水して、水が飛んでその穴へ入れるもんと違うし、降った雨がやなぁ、集中的にその穴掘ったとこだけが降りよるのと違う。……四万トンの水を遊ばすだけの面積があったもんがな、あんたとこがここで潰してしもて、穴掘ったさかいほじゃ四万トンここで確保できるちゅうけどもな、そんなわけのもんと違う」

そうしてIさんは、新しく身につけた言葉の意味を、次のように縦横に紡ぎだしてみせるのである。

「遊水機能を果たすというのは、水を遊ぶということですわな。せやから一定の水位あがって水はじっとしとると違いまんね。この水ついたときにも、しじゅう水は動いとりまんねで。どっかから強い流れとか、いきあたると、それによって佐保川の水の動きもゆるやかにしよるし、また上にためるやつもある程度上から流れてくる水が勢いよかったら、けっきょくそのままばあっとおっしょったら、どっかでまた渦もうて、渦というか遊んで、またおんなじとこ押してきよりまんね。……ここ（建設予定地を）高くしやはったら、量《はかり》川の堤防はひとたまりもない。広範囲なとこ水動っこるのと、かぎられた範囲水動っこるのと差し引きのとき、堤防の洗われる度合いというのは、ものすごう危険度が高い」（強調引用者）

このIさんの語りにみなぎる異様なほどの緊迫感はどこからくるのだろう。それは、たんなる体験の切実さとして説明し去ることはできない。おそらく私たちはそこに、ロジック以前の共同性の創出にかかわる多義的な規範化の力と、期成同盟の正当性という単一のロジックへの収斂をめざす意図とのあいだの激しい衝突や葛藤を読みとるべきなのだ。

そして、さらにここで強調しておきたいのは、「遊水地」の表象を地域にいっそう深く根づかせることになったであろうこのような言説が、先のような水害体験や、さらには堤防などの治水施設のかたちをとって現れる、伝統の物質的基盤に依拠したものであった点である。たしかに、この言説の語り口は「操りの力」に満ちているようにみえる。しかしながら、そこで「水を遊ぶ」という表現はたんにプラグマティックな意図から用いられたわけではない。むしろ、堤防の補強のためにムラ人を結集させた相互規制と同じ、伝統からの拘束がそうした表現を行わせたと見るべきだろう。そうでないと、「遊水地の保全」というスローガンが、しだいに運動のメンバーをゆるやかに縛り始めていく過程が見えなくなってしまう。

生活環境主義は、そうした伝統からの拘束こそ、選択に課されている幅、言いかえれば選択肢の限定性の問題として、自分たちがすでにとらえてきたものだと主張するかもしれない。しかし、生活環境主義においては、そのような選択の幅、あるいは選択肢の限定性が与件の位置にとどまっており、その幅や限定性が具体的にどのような範囲にあるのかは、いつもブラックボックスのままおかれている。そしてまた、なぜその範囲のなかからあえてほかのものではなくてあるひとつの選択肢が選ばれたのか、という点についても、「いきがかり上」とか「生活の便宜によって」としか説明されていないように思われる。

このような説明だけでは、従来の意味の体系や主体の属性による決定論的解釈を避けるという目的のために、産湯とともに赤子まで流してしまうことになるのではないか。ここでいう「赤子」とは、共同性の創出にかかわる規範化の力にほかならない。この遊水地にかかわる言説は、「生活の便宜」から生じた「納得と説得の言説」であるという以上に、治水施設にたいする伝統的な管理の継続という規範化の力が働くなかで生みだされたものであった。この点を考慮するならば、「語られたことをコンテクストから切り離して非連続の力としてとらえる」という生活環境主義の方法は誤解を招きかねない。なぜなら、「操りの力」が働く場にも、ここでのケースのように連続的という ほかない規範化の力が貫通しているからである（また、その意味では、「村は同じ水を飲んでこそ村やで」とか「いまは村というよりも広く地域全体を考えるべきだ」という言説の背景にも、明らかにされていないが、コンテクストからのなんらかの規範化作用があったはずなのだ）。

規範化の力と外部権力

そしてもうひとつ確認しておきたいのは、コンテクスト次第では、この規範化の力が外部権力にたいして自分のほうから積極的にすり寄っていくことが往々にして見うけられることである。

それを考えるうえでは、期成同盟を離脱していった自治会（仮にB町としておこう）の動きについて見てみるとわかりやすい。離脱のきっかけとなったのは――これははっきりと治水問題に絡めた県側の巧妙な住民組織にたいする撹乱戦術ないし分裂工作といってしまっていいように思うが――県・農林部が、現存する建設予定地周辺の遊水地（地権者は約八〇人）を、いま以上開発によって潰すことのないようにという名目で、十億円をかけて買収し保全するという提案をしてきたことにある。この食肉流通センター建設問題全般にたいして奈良県の見せた姿勢をいかにとらえるかについては次節にゆずりたい。ここでの問題は、この提案を受け入れる方向で動いたB町自治会の対応をどのように理解するかである。

まず考慮しなくてはならないのは、B町の立地である。B町は、佐保川をはさんでセンター予定地の対岸に位置する。たしかに、前回の洪水時には、B町でも予定地と面する堤防に土嚢を積んでいるが、予定地のもつ遊水機能の及ぼす影響は、筒井町や丹後庄町に比べれば間接的である。また、B町は市街地から離れているために河川改修等の予算がつきにくい土地柄であった。それらの点と、少なくとも残った遊水地は永久的に保全されるという提案の条件を加味すれば、B町自治会の選択は十分に（転倒されない、とあえていってもよいが）「生活の便宜」にもとづいているといえそうである。

とすれば、生活環境主義は治水問題にかんする限り、期成同盟の対応も、Ｂ町自治会の対応も、それが「生活の便宜」によっているという理由から、いずれも肯定的にとらえることになるのだろうか。少なくとも、ムラ規範への信頼が暗黙の前提とされる限り、期成同盟とＢ町自治会のそれぞれにおける内からの規範化作用を方向づけているロジックを問うことは困難だろう。

5　表象しえぬものの表象

判断停止を越えて

先に、屠場建設反対運動は、生活環境主義の扱う事例に比べはるかに多くの困難を背負っていると述べた。その困難さは、本来「当事者にのみ表象可能なもの」を、外部社会に向けて主張していかなければならないところにある。なぜなら「当事者にのみ表象可能なもの」とは、部外者にとってはおよそ表象不可能なものだからである。今回のケースの場合、障害者教育の実情とか、屠場が教育環境に及ぼす影響といった事柄がそれにあたる。とくに屠場にかんする通俗的なイメージが、きわめて差別的な意味合いを帯びることを考えあわせれば、この反対運動を正当化する表象をつくりあげることは、けっして生やさしいことではなかったといえる。

　さらにもっと第三者的な視点に立つならば、屠場の建設が地域の教育環境にふさわしくないとする住民による環境の定義のなかに、屠場にたいする差別的なイメージがほんとうに混入しなかったのか、と問うてみる必要も出てこよう。このような状況では、生活者の判断力を信頼し、生活環境の改変にかんする決定権を最終的に生活者自身の手にゆだねる生活環境主義的な判断停止を越える必要がある。それは、運動の過程で生みだされる画一化的な環境表象にかんして、それを生成させる規範化作用のロジックを明らかにしていくことである。

一般によくいわれることだが、「迷惑施設」に絡む反対運動では、最初は情緒的な反発に始まり、運動のなかでしだいに反対理由にかんする理屈づけが行われるという。しかしながら、住民理性の働きに目をこらしてみると、必ずしも理屈は後からついてくるばかりではないように思う。期成同盟の結成の時点で、すでに住民のあいだには情緒的な反応と並んで、県のやり方にたいする直観的な疑念が沸き起こったからである。

とはいえ、言い分をつねにより説得的なかたちで呈示していくことが、運動にとって不可欠の課題だったのはいうまでもない。そのためには、盲学校・聾学校教員との意見交換や、各地の屠場の視察が重要な意義をもった。住民が言い分をつくりあげるうえでは、次のような教員の発言が大きな助けとなったはずだ。

「聾学校、盲学校の場合には、子どもたちというのは幼稚部からいます。発達段階をふまえて教育ができるというとき、幼稚部の段階でしたら、命をはぐくむ、命を大切にするということが教育のねらいです。私たちの命をまもるために動物が犠牲になっているという、矛盾した内容を理解させるのは無理なんです。小学校のそれこそ高学年ぐらいでないと総合的に理解できない。とくに、うちの学校の場合は、聴覚に障害をもった子どもたちです。その特殊性を考えれば、よけいにそのことを慎重に考えていかなければならないわけです」

こうした教員の主張を受けて、住民からも次のような発言が出た。これは聞きようによっては、きわめてヒステリックな主張とも受けとられかねない。

「先生たちだけが教えられないと違います。家庭のお母さんがたも同じです。よう教えません。三つや四つの子どもに、牛が入ってくの見て、あれなあにと言われて、ロースとかいろんなお肉になってお膳に上るのよなんて、私には言えません」

このような言説が、動物愛護を説く自然保護派の主張とも一脈通じあいながら、住民の言い分を構成している。そしてさらに屠場見学の体験が、それに積み重なる。

「朝七時三十分頃目的地に到着。耳にした第一声が豚の鳴き声。ブーブーではなくキーキーとカン高い金属音。トラックに積みこまれた二〜三〇頭の豚が一斉に鳴く……。次に驚いたのはやはり、なんともいえぬ悪臭……。その後場長の案内にて現場見学、場内は美しく清掃され管理は良好、場長はじめ職員の苦労はうかがえたが、動物の鳴き声と悪臭はどうしようもない。……」

この一連のイメージは、ある種の性急さをもって屠場を地域社会から排斥する論理を生みだすようにさえみえる。たしかにこれらの言説が、地域エゴとか職業差別と紙一重のところに立っていることは否定できない。しかし、むしろ、なぜ紙一重のところでとどまりえたかという点こそ考察されるべきである。それは、このような環境表象の生成に方向性をもたらすことになったコンテクストの問題である。もっと具体的にいえば、屠場の建設に反対する者が、多かれ少なかれ市民常識的に見て「差別的」な発言や行動をとらざるをえなくなる、そのようなコンテクストのことである。

運動のコンテクストと住民的正義

食肉流通センターは、農林水産省の「総合食肉流通体系整備促進事業」（一九七五〔昭和五〇〕年〜）の一環として、全国に八九ヵ所（一九八八年現在）設置されている。事業の目的は、食肉流通の合理化・近代化という点にある。またこの施設は、別名、統合屠畜場とも呼ばれるように、既存の屠場の統廃合により規模拡大がなされ、さらに屠畜・解体・加工・市場の機能を合わせもたされている。

奈良県のこの事業の進め方にかんしては、当初から不可解な点が多く認められた。用地小委員会で二年をかけて行われた候補地五ヵ所の選定が振り出しに戻された直後に、一ヵ月ほどの検討期間しか経ずに大和郡山市の予定地が決定されたこと。また、住民や盲学校長・聾学校長への建設説明も、用地買収の終了まぎわにしかなされていない。用地買収には民間業者があたっていた（高額の買値で、手数料もとられている）。食肉卸業者への説明も事前になされていない（卸業者は既存屠場の集中する南和〔奈良県南部〕への建設を要求して、反対運動に一時、加わっていた）。畜産後進県の奈良県では、センター経営に巨額の赤字が見こまれる。反対住民にたいして県は三たびにわたり機動隊を導入し強制的に建設を進めている。等々。

ただ、これらは表立った経緯にすぎない。建設に同意するようにという圧力が、行政や民間の団体からさまざまなかたちで加えられたという。それは、自治会の自治委員長や役員、土地改良区の理事、それから盲学校・聾学校長、育友会（ＰＴＡ）の会長から、一般住民へまで及んでいる。これらの背後にうかがわれる食肉流通センター建設をめぐる権力関係の本質もまた、「当事者にのみ表象可能なもの」であったにちがいない。重要なのは、そのような外部権力にたいする知覚が住民の環境表象を生成させる規範化作用を方向づけていた点である。たとえば、屠場建設が噂にのぼったときの「県のやり方がこれまでのと違う」という直観的な疑念も、地域住民のもつローカルな政治感覚なしには生まれえなかったものだろう。

この反対運動を特徴づけているのは、このような行政権力にたいする徹底した批判に裏打ちされた住民的正義の感覚である。もちろんこの感覚は、住民運動におけるさまざまな局面で、住民の求める「便宜や有用性」とときに衝突し、ときに軋轢を生みだしてきたにちがいない。しかし、この住民運動が、職業差別を含んだ住民エゴ的な運動にエスカレートしていくのを押しとどめていたもののひとつが、この住民的正義の感覚であったのは確かだと思う。

先にこの運動に働く規範化作用のロジックといったのは、この住民的正義の成り立ちやその内実にかんしてである。私たちが注目すべきは、そこでの規範化の力が、（そうした可能性があったにもかかわらず）けっして屠場を嫌悪し、屠畜に携わる人たちへの蔑視を助長する画一的な表象の形成へ向かっていかなかった点である。それはおそらく、この運動が当初から、本来「当事者にのみ表象可能なもの」をどのようにして外部社会に向かって伝達していくかという困難な問題への取り組みを避けては通れない状況におかれていたせいだろう。そして、このような住民的正義が形成される磁場に働いていたものこそ、「表象不可能なものの表象」をあえて住民に要求する、多義的な規範化の力だったのである。

6　現代的課題としてのエコ・ファシズム

冒頭に触れた書評のなかで私がもうひとつ指摘したのは、教科書『環境社会学』にはきわめて今日的な問題であるエコ・ファシズムへの注意が払われていない、という点だった。もちろん、いまだかつて地球上にエコ・ファシズムが存在したためしはない。したがって、それがどのような体制や制度をとりうるかは未知であるが、少なくとも現在急務となっている人口問題や環境問題の解決にある種の全体主義的な政策が採用される可能性はけっして少なくない。

ここでとりあえずエコ・ファシズムを、画一的な環境表象のもとで展開される官民一体となった環境保全運動のこととしておこう。そのような運動では、環境的正義のアプリオリティ、言いかえれば環境倫理の単数性が前提となる。そして、私の主張の核心は、社会的ジレンマ論や生活環境主義の理論は、それぞれまったく別のかたちででではあるが、研究者の意図の有無とはまったく関係なしに、ともにエコ・ファシズムの正当化に加担させられてしまう恐れがある、というところにあった。

社会的ジレンマ論が、きわめてエコ・ファシズム的発想に近い出自をもつことについては、ハーディンの「救命ボート」論や「共有地の悲劇」論とそれにもとづく彼の人口抑制策への批判のなかでしばしば指摘されている(8)。とはいえ、いかなる理論もその用いられ方しだいでは毒にも薬にもなるのも事実である。ただ私が危惧するのは、社会的ジレンマ論に見うけられる環境表象の画一化への傾向（環境悪化の要因を個々の行為者へ還元する功利主義的な説明方法や一般理論への強い志向性）にある。

いわゆる「住民加害者論」の議論では、私たちが「個人的な合理性」を追求するがゆえにゴミ問題や交通公害が起こっているとされるが、そうした理解によると、それらを促進する規範（たとえば「消費は美徳」）が歴史的に形成されている側面が見落とされてしまう。これは、初期値や制約条件を所与とせざるをえない一般理論の宿命というよりも、環境問題を一般理論によって説明することに無理があるのではないのか。なぜなら、初期値や制約条件にしても、たんに研究者がアドホックに設定すればすむものではなく、それを把握するためには専門的な歴史的理論構成が必要だからである。そのなかには当然、この論文で試みてきたような、ローカルなレベルでの規範や表象の生成の問題が含まれよう。

これはさらにまた、環境問題にいかなる解決策や処方を与えるかという政策面にもかかわってくる。というのも、もしも他者の環境表象の多様性（第1章で見た環境表象の他者性）や地域社会での自生的な規範生成といった要素が、社会的ジレンマ論の理論によっては本来的に把握できないとなれば、その「住民加害者論」が、行政などによってなされる個々人の環境行動にたいする上から一方的な規制や制御を正当化する機能を、研究者の意図とは無関係に果たしてしまうことになりかねないからである(9)。

　また、生活環境主義については、たとえ地域住民が「転倒されない便宜や有用性」にもとづいて行った選択であったとしても、その選択が外部権力の支配から自由であるとするのは、あまりに素朴な見方であるといわざるをえない。たしかに「通俗道徳」への言及はあるが、それはあくまで外からの論理である。私たちの言葉でいえば、住民が内からの規範化作用にもとづいて行った選択が、外部権力にすり寄っていくことが往々にして見られるのであって、そのような現象こそが草の根ファシズムの本質をなすものだろう。そしてそのとき、生活環境主義的な判断停止は、たんに草の根ファシズムを正当化することにしかならないのではないか。私たちが、規範化作用のロジックを問わねばならないと主張するのはそうした理由による。

　しかしすでに述べたように生活環境主義においては、ムラ規範への信頼と功利主義的アプローチとが無自覚的に接合されたために、規範化（規範の生成やそれが働く方向性）という問題を理論内に正しく位置づける余地がなくなってしまったというべきだろう。規範化の問題が、たんに「グループ形成とその論理」とか「共同性希求の論理」などといった表面的な水準でしかとらえられなかったのもそのせいだと思われる。おそらく、生活環境主義にとって今後必要なのは、前提とされたムラ規範の性質それ自体をあらためて問いなおし、功利主義的な発露がなされる「操りの力」とさまざまなかたちで拘束を生みだす「規範化の力」とのあいだの複雑な関係性を、事例に即して考察していくことだろう。

　この規範化の問題は、とくに物質的な基盤に依拠する環境運動にとっては看過することができないが、その重要性はそれだけにとどまらない。環境表象が、画一的な方向性のもとに生成されるか、ローカルな差異を尊重する多様な方向性のもとに生成されるかも、規範化作用のあり方にかかっている。奈良県の屠場建設反対運動が、きわめて情動的で差別性をもった表象を生む可能性があったにもかかわらず、それを免れることができたのは、たんに住民的正義の観念があったからでもなく、「当事者にのみ表象可能なもの」をただたんに抱えもっていたからでもなかった。それは、この運動がおかれた状況自体が、運動にたいして「表象不可能なもの」を限りなく「表象可能なもの」に転化するように強いる規範化の力を生みだしたからであった。そしてその限りでこの運動は、画一的な表象のもとにすべてを「表象可能なもの」としてとらえるエコ・ファシズム的な運動からは、遠いところにあるといえるのである。

注

(1) 第九回環境社会学会セミナーにおける書評セッションでの発言(一九九四年五月二〇日、於琵琶湖コンファレンスセンター)。

(2) 本稿で、生活環境主義への言及は、おもに鳥越(一九八九)および松田(一九八九)によっている。たしかに、同じ生活環境主義といっても論者によってかなり立場は異なる。そのなかでこの二論文を検討の対象としたのは、理論的な観点がもっとも鮮明であったからである。

(3) この「と畜場建設反対期成同盟」の運動についての記述は、主として、期成同盟発行の三冊のパンフレット(と畜場建設反対期成同盟 一九八三、一九八五、一九九一)と、一九八七—九〇年まで三次にわたって約五〇回、一二〇時間にわたって県と期成同盟のあいだで行われた「話し合い」の記録、および筆者が行った聞き取り調査にもとづいている。

(4) 鳥越・嘉田編(一九八四)、とくに第四章と第七章を参照のこと。

(5) ただ、ムラ規範への信頼という立場を著者たちにとらせた時代的および研究史的背景は十分に押さえておく必要がある。なぜなら、その当時農民は農薬の使用などのために自然保護派から水汚染や環境破壊の元凶であるかのように批判されていたし、また、伝統的なムラ規範がもっぱら農村近代化のための桎梏としてとらえられがちであったのも周知のことである。

（６）この点については、第1章二七頁を参照のこと。

（７）この調整池とは貯水池のことで、そのしくみを説明すれば次のようになる。まず、造成して埋め立てる面積に対応する水量以上を溜められるよう貯水池を掘り下げておく。そして、降雨時にそこに雨水を溜めこんでおいてから、佐保川の水位が下がりしだい設置した揚水ポンプによって水を汲み出し、さらに次の雨に備える。なお、このような農林部の対応が河川改修事業と総合治水対策の分業体制に拘束されていることは、第1章で指摘しておいた。

（８）この点については、ハムフェリーとバトル（一九九二）、戸田（一九九四）を参照のこと。

（９）土場（二〇〇六ａ）も、社会に存在している規範を把握するためには、海野のような分析的アプローチではなく、解釈的アプローチをとるべきであると主張している。ただし、彼の議論は、「公共的規範」による『すべての人』が社会的ジレンマを脱しうる社会的しくみ」を構想しているという点で、規範や表象のもつ他者性への認識が存在しないために、全体主義的な政策とも共振する危険性をはらんでいるように思われる。

第3章　構造的差別と環境の言説のあいだ

1　二つの情景から

〈第一の情景〉

屠場《とじょう》の近隣への移転に反対する住民運動の取材をしていたときのこと。

福島と奈良における二つの住民運動。いずれのばあいも、屠場の建設を新たに計画する県と、それに反対する住民とのあいだで激しい対立が生じた地域である。県側が、機動隊に出動を要請して強制的に着工を試み、それを阻止する住民側と再三にわたって衝突をくり返したという点でも、両者の事例は共通している。

取材の過程で、深く心にかかる言葉があった。双方の運動のリーダーが、異口同音に「これは住民自治を勝ち取るための運動である」と述べたのである。

〈屠場の建設を阻止することが、住民自治につながるって⁉〉

当時、一部マスコミや関係団体からこの運動にたいして投げかけられた「職業差別にもとづく運動である」という批判をかわすために、あえて「住民自治」がうたわれているのではないか、という疑念が私のなかにあったことは否定できない。

しかし、それぞれの運動が、私の目から見て、屠場の引き起こす環境問題について、さらには住民による環境の定義のあり方について、重要な論点を呈示しているように思われたのも事実だった。「屠場建設反対」と「住民自治」とは、果たしていかなる論理によって相互に結びつくのだろうか？

〈第二の情景〉

小学校三年社会科のある授業風景。

「この仕事を始めたころは、牛をかわいそうやなあと思ったことがあります。でも、この仕事をしているなかで、牛はおいしい肉になってみんなに食べてもらうことの方がうれしいんとちがうかなと思うようになってきたんです。そのために、牛をできるだけ苦しめないようにノッキングすることが大事だと考えるようになったのです」。

大阪の南港市場で働いている男性が、牛の解体作業の様子やそのさいの自分の思いを、子どもたちに向かって率直に語りかけている。聞いていた子どもたちのなかからは、「一番おどろいたのは、おじさんたちも（牛を）かわいそうだなあと思っていたことです」「この勉強するまで、ずっと前から牛が肉になるのってもっと、もっと、目つぶらんなんほどのものかと思っ（てい）た」等々といった忌憚ない感想がもらされていた……。

この授業は、『食肉・皮革・太鼓の授業』（解放出版社）において紹介されている。著者の三宅都子は本書において、「多くの食肉市場が公共施設であるにもかかわらず（これまで）地域学習の教材として取りあげられるのは青物市場であり食肉市場ではなかった」という、いわば公然の秘密ともいうべきこうした事態に敢然とメスをいれ、「南港市場で働いている人に学校に来ていただき、子どもたちに話をしていただくという（今回の）学習は大阪市内では初めての取り組みであった」と述べている（三宅　一九九八　四頁、五四―五五頁）。

ここでいわれる食肉市場とは、屠場のことにほかならない。

それにしても、大阪市に限らず、ほとんどの市町村で、今日にいたるまで屠場が学校教育において正面から取り上げられてこなかったという現実を、私たちはどのように受けとめたらよいのだろう？

2　屠場をめぐる構造的差別

屠場の移転史

屠場差別と呼ぶほかない陰湿な差別行為。それが、いまだにあとを絶たないことが、屠場で働く人たちによって指摘されている。私自身、彼らが自分たちになされるそのような行為にたいしてどれほど神経を使ってきているか（また、使わざるをえないのか）を目のあたりにしたことがあった（この点については、第4章の冒頭の出来事を参照のこと）。

屠場で働く人びとにたいする根深い偏見。そのなかには、動物を殺すことへの抵抗感から、屠殺や解体などの仕事を残酷だとか汚いとするイメージ、さらには、そうした作業をする人にたいする「自分らとは違う」といった思いこみなど、多様な感情や観念が含まれる。ふだんは潜在化しているこれらの差別意識がなんらかのきっかけで表面に現れるとき、結婚差別や職業差別などといったかたちで屠場差別が引き起こされてきた。

そして、屠場の労働者組合や部落解放同盟はこれまで、屠場の建設に反対する住民運動にたいしても、同様な差別意識が根底にあると批判してきた。たとえば、全横浜屠場労組は、「こうした〔屠場の労働者にたいする〕差別事件がじつは起こるべくして起きていること、一人ひとりの市民のなかに根深く差別意識が息づいていることは、横浜屠場の歴史をひもとけば明らかです」と述べる。そして、これまで経てきた移転は、そのことごとくが「差別と迫害による追い立ての連続」だったと、次のように概観している。

「『屠場の存在自身が公害』として追い立てられた〈田村屠場〉。『皇族高官が車窓から屠場を見通せるのは困る』として立ち退かされた〈平沼屠場〉。学校建設とともに移転させられた〈南太田屠場〉。……そして地域住民や経営者協議会、労働組合までがこぞって陳情書や署名用紙まで持ち出し、『物心両面の実害が甚大である』として、屠場建設への大反対運動を展開した現在の大黒町など」（全横浜屠場労組　一九九九　一〇四―一〇五頁）。

これらの事態に関与した少なからぬ近隣住民のなかに、先のような差別意識があったことは予想できる。しかしながら、私は、屠場で働く人びとにたいするストレートな差別行為と屠場建設にたいする反対運動とを同列において批判することには問題があると思う。なぜなら、反対運動には、差別的な意図だけには還元できないほかの重要な要因が見うけられるからである。

近代日本における都市屠場の歴史が強制移転の歴史であったことは、ひとり横浜屠場に限られたことではない。たとえば、神戸の屠場の変遷について、南昭二は、「屠場は当初の内海岸通りから旧生田川尻へ、さらに小野浜海岸へ、新生田川尻の新川地区へ、さらに兵庫東池尻へ、最後に新湊川口尻西尻池村〔現在の市営屠場〕へと転々と移転した」と書いている。とくに興味深いのは、「これら〔の移転〕は警察や県、市の命令によるものであり、いずれも人口が増加し密集したために『人家遠隔の地』に移転先を指定されて」いたという点である（南　一九九六　二九〇―二九一頁）。

南によれば、「神戸区内とその周辺において人口の増加著しく、人家は密集し市街おのずから膨張したために、一八八三（明治一六）年一月神戸区及び菟原群葺合村に対し、『屠畜場並びに牛蠟製造場及羊豚畜養場を人家遠隔の地に移転すべし』との命令」が市から出された（南　一九九六　二五九頁）。また、鎌田慧は「一九〇六（明治三九）年六月、原敬内省による『内務省令第十七号』で、『屠場の位置』は、『獣畜の搬入、屠肉の搬出……ニ便ニシテ』、次の地域を外れたること、として、その筆頭に、『離宮、御用邸又ハ御陵墓ヨリ五町以内ノ地』が揚げられて」いたという（鎌田　一九九八　一七一頁）。さらに下って戦後文部省によって制定された『学校施設設計指針』（一九六七―九二年）を見ると、「校地の環境」を定めた部分で「校地周辺の環境は、健全な人格の形成や豊かな情操の育成にふさわしいものでなければならない。そのためには、次のような施設の周辺には校地を選定しないことが望ましい」とされ、その一項目に「火葬場、と殺場、刑務所等の施設」があげられている（文部省管理局教育施設部　一九六七一―二頁）。

屠場の環境問題

このように見てくると、屠場の建設にたいする反対を、たんに住民のなかの差別意識に起因するといって済ますわけにはいかないだろう。じっさい、屠場が設置される位置にかんしては、法令またはそれに近いかたちでの規制が（それらの根拠を問いなおすことは当然必要だとしても）、早くから行われたのである。

さらに、屠場の環境問題、すなわち労働環境の劣悪さや、屠場がもたらすさまざまな公害にたいして、環境整備の緊急性がことあるごとに叫ばれてきた経緯も見逃すことができない。その点について、「労働環境の劣悪さや環境整備の不備こそ、屠場にたいする差別そのものである」という屠場労組の主張は、屠場の管理者である市や、雇用者である市場会社や解体会社の側に、労働条件の改善や環境整備を怠ってきたという直接的な責任がある限りは妥当しよう。

しかしながら、屠場の環境問題は、管理者や雇用者の差別的な対応のみに原因があるわけではない。戦後の早い時期から、ほとんどの屠場において運営や営業面で巨額な赤字が生みだされてきた。次の節で触れるように、屠場経営における大幅な赤字が、解体作業をする職人の待遇の改善や、施設の改修などの公害対策を遅らせる大きな要因だった。

とすれば、たんに屠場という存在を忌避する意識だけが、屠場の環境問題を問う言説（そのなかには、環境問題を理由にあげて屠場の建設に反対する言説も含まれる）を生みだしてきたのではないという点は、やはりここであらためて強調されてよいだろう。そうした言説の背景には、これまで見てきただけでも、人口の増加・密集化という都市化現象や、「良質な」教育環境を求める学校制度、食肉業の衰退などといった構造的な要因が存在していたのだった。

このように、特定の主体により直接なされる差別行為と区別して、社会の構造的要因によって引き起こされる差別を、構造的差別と呼ぼう。ただ、これまで指摘した事柄だけでは、まだまだ屠場をめぐる構造的差別の一端に触れたことにしかならない。

3　中小屠場と環境問題

中小屠場の現実

屠場での作業というとき、読者はどんな光景を思い浮かべるだろうか。たとえばそれは一日に数百頭の牛、あるいは千頭を越える豚が屠殺され、それらの屠体がチェーンに吊られたりベルトコンベアーに乗せられ一貫した分業体制のもとで解体されていく、巨大な「食肉工場」のイメージかもしれない。東京や大阪などの中央卸売市場（国内に十ヵ所）や地方の指定市場（二十数ヵ所）については、たしかにその通りだろう(1)。しかし今日、全国にある屠場のなかで、そうした大規模な屠場はほんの一握りにすぎない。

むしろ、近代の幕開け以降今日にいたるまで、年間の家畜処理数が、牛の場合にすると、数千頭から一万頭規模の、家畜の産地や集散地に点在する中小の屠場こそが、わが国における屠場の平均的な姿であった。そこで働く職人や従業員の数は、おそらく一ケタから多くても二〇人程度。その点でも、百人から数百人が働く現在の大屠場との違いは歴然としている。

個々の屠場の成り立ちを見ると、(1)かつて江戸時代に草場株（へい牛馬の処理権）をもっていた元皮多村の住民が自分たちの手で村内に設置したり、(2)近代に入って行政のほうからわざわざ被差別部落のなかに設置したり、(3)屠場のまわりにあらたに被差別部落が形成されたりといったかたちで、被差別部落と屠場とのあいだに特別深い関係のあることは注目されてよい（ただし、過去から現在まで、地理的に部落とは関連なしに設置されている屠場も数多く存在しており、先にあげた奈良や福島のケースもこれにあたっている）。

しかし今日では、そうした中小の屠場の多くが、閉鎖の危機にみまわれている。それは、食肉輸入の自由化による打撃もさることながら、のちに取り上げる農水省の食肉流通センター化政策（既存の屠場を統廃合して食肉流通を近代化する政策）とも直接に関連している。

屠場利用者組合と町行政

私たちは、ある小屠場の閉鎖を契機として、それまでにその屠場の抱えてきていた諸問題が一挙に噴きだしている、そんな場面にめぐりあわせたことがあった(2)。

それは、開設八五年目にして閉鎖を目前に控えた町営の屠場だった。

屠場利用者組合（食肉の卸業者をはじめ、内臓屋、皮屋、脂屋などからなる）の組合長は、閉鎖によって屠場が遠方になることによる輸送費用の補償が十分でないことを指摘しながら、町にたいしてたまりにたまった不満をこう語っていた。

「この会館（職人や業者の休息所で、七年ほど前に建てられた）ができるまでは、便所と飯食う食堂もなかったよ。トイレもなかったんです。その当時、会館は業者がたてた。町の助成金も県の助成金もなにもない。会館だけやない。冷蔵庫も（枝肉の保存に不可欠であるために、隣接する土地を買って）ぼくが借金して自分で建てた。本来ならば、あれは町がしてくれんならんもんや。食肉環境衛生等の組合から、清潔にしなさいとか、きれいにせえてゆうて、やいやい保健所のほうから言われてるのにやな。業者がそこまで（会館等の）計画すんのに、町のほうではせんわということでは、ちょっと矛盾してますわな。ほて、また迷惑料て、ぼくらに言わしたらとんでもない話やけど……」。

さて、こうした話を聞いたあと、私たちは、屠場を経営する町側の担当者にあった。まず驚いたのは、屠場の窓口が畜産課や経済振興課でなく住民課だったことだ。

閉鎖の直接的な原因は、経営の赤字。屠殺頭数は、ピークだった一九七〇年代はじめの四分の一（年間一二〇〇頭）に落ちこみ、一頭ごとの利用料（これが屠場の主な収益になる）は五、六倍に引きあげられていた。そして、屠場の利用料からあがる収益は、浄化槽や場内の清掃を行う嘱託職員の人件費にあてられてきたということだった。

それを聞いていて、「おやっ」と思ったことがある。では、屠場で働く解体職人たちの賃金は、いったいどこから支払われているのだろうか？

担当者の説明によると、屠場の中枢的な業務を担っている職人たちは、意外にも町の職員ではなかった。三人の職人は、屠場の利用者組合によって雇用されており、賃金は業者の支払う解体料によってまかなわれていたのであった。解体料は一頭につき三八〇〇円の歩合制だったから、近年のように処理する頭数が落ちこんでくると、それがすぐさま収入減に結びついてしまう。こういう事態からも、解体職人という仕事が、その雇用および賃金形態において、きわめて不安定な職種であることがわかるだろう。

こうした事実を見てくると、先のように会館の建設にかんして業者と町のあいだに大きなしこりが残っているわけもある程度理解できるように思う。おそらく、町にしてみれば、職人や洗い子（屠場で内臓を洗う人）のために福利厚生の施設を整備するのは、雇い主である業者側の責任だという考えがあったにちがいない。

だが、いずれに責任があるにせよ（私は双方に労働条件の改善を怠った責任があると思う）、職人たちが、トイレや休息所もないような職場環境で長いあいだ仕事をしてこなければならなかったこと自体、きわめて重大な問題である。

しかしながら、町にも言い分があった。小規模な屠場であるために抜本的改修はままならず、汚水処理などの維持管理費がかさみ累積赤字がふくらんでいった。その結果として、施設は老朽化し、衛生的にも十分というにはほどとおい状態だったという。具体的にいえば、汚水処理場の泥土を抜きとるための処理費用を捻出できないために、汚水処理能力がいちじるしく低下して周辺農地に悪影響を及ぼしたり、あるいはカラスの飛来による害（とくに田植え時）のために、近隣住民から苦情がもたらされることもしばしばだったと聞かされた。

「迷惑料」

そうした背景があって、近隣地区にたいして「迷惑料」が支払われるべきことが、町議会において決議されたのだという。

「迷惑料？」利用組合の組合長の口からこの言葉が出たとき、私は、一瞬耳を疑った。そして、そのあまりに直截的な表現に、あぜんとさせられたのを覚えている。

組合長の説明するところによれば、「屠場があるために、環境がわるいとか、なんとかゆうて、ここ（の区）からゆうて（要求して）きて、A区に五〇万と、B区に三〇万、年間で八〇万、補償してんや、毎年。もぅ、十年ぐらいなるかなぁ」ということだった。私たちは町の担当者からも、当時の区長からそうした要望があったことを確認している。

だが、屠場のせいで環境が悪化したから「迷惑料」をよこせという発想は、どこか本末転倒しているように思われる。むしろ、区として、屠場の環境整備を徹底するように、町や県に働きかけを行っていくのがスジというものだろう。しかし、「迷惑料」が要求された理由はどうもそれ以外にもあったようなのだ。かさねて問いかける私たちにたいして、組合長は言いにくそうに、こう答えた。「屠場もあるために、そのう、部落がいつまでたってもなくならへんという、そういうな要望書を、（区から）ちょうだいしている」

この「迷惑料」を要求してきた先というのは、じつは被差別部落だったのである。こうして私たちは、部落に住む人たちが屠場にたいして抱いている複雑な思いに、はからずも直面させられることになったのである。

4　用地選定をめぐって

被差別部落と屠場差別

〈屠場があるために部落がいつまでたってもなくならない〉このような申し立てが、部落のなかからなされているという現実の重みを、私たちは、どこまで十分に受けとめえているだろうか？

たしかに屠場が存在しているというだけで、世間から差別のまなざしを呼びこんでしまっている現実がある。おまけに、環境上の被害も起こっている。かつてのような収益をもたらさなくなった屠場施設にたいして、ムラから出ていってほしいと思う気持ちが生ずるのも理解できる。じっさい屠場を抱えるほかの部落においても、そうした本音が口にのぼらされるようになってきている。

しかし、いかに差別的な現実があるからといって、屠場から「迷惑料」をとったり、あるいは「迷惑施設」として移転を求めるといった行為が、一面において、屠場にたいする差別に加担する行為であることは否定できない。私たちは、まず、こうした部落のなかから屠場を排斥する動きと、あらたに移転してくる屠場の建設に反対する住民運動が、現代日本における屠場差別という、同じ構造の上で行われていることを確認しておくべきだろう。なぜなら、屠場移転に伴う用地選定プロセスの不透明さも、そうした構造と無縁ではないどころか、むしろ、そうした構造を生む大きな要因であるように思われるからである。

ある県では、食肉センターの移転にさいして、候補地でことごとく地元の反対にあい、結局、部落に隣接したところに、あらたな用地を求めざるをえなかったという。「泣く泣くここに決まった」という表現が、部落に住む人びとの無念な思いを伝えていた。

それとは対照的に、激しい反対運動の起きた福島県や奈良県では、地元の自治会への事前説明がほとんどなされていなかった。いずれも住民が気がついたときには、すでに県によって食肉センターの建設が（ボーリング調査や用地買収といったかたちで）開始されていたという。

反対運動の言説

たとえば、奈良県の反対運動のリーダーは、住民運動を行うにいたったいきさつを、かつて近隣に中央卸売市場が建設されたさいの県の出方と比較しながら、次のように述べていた。

「わしはやっぱりな、この県のやり方がな、こんなん、あってはならんことやと思いまんね。で、用地買収かて、一方的にな、そんなん（こっそりと）這いで入るようにな、そんな業者使わんとだっせ、やっぱり県の事業いやあ、県の担当の職員が来てだんなぁ、その順序としては、各自治会また地域では役員さんおられんのやから、前もってやな、日を打ち合わせして、そしてやっていくのが（あたりまえで）。この中央卸売市場かて、事前に農林部長がじかに出てきてだっせ、自治会にも改良区にもな（通知して）、ほで地主さんにもきてもろうて、（県の説明をきいたあとに）それぞれ寄って、だいたい結論をやな、こんど県を呼んだときに、ほなここまで（買収価格や付帯事業について）詰めまっせっていうことを打ち合せしときまん。そやからやっぱり、そんな時分のこと思うてるさかい、われわれかてだっせ、こんな無茶なやり方しはるて思うてやしまへんなんだ。なおさらだっせ、忌み嫌う迷惑施設だったらだんな。まぁ、そやさかいに、どっこも受けてもらえないもんやさかい、ここがもぅ狙い撃ちされたとゆうことだすわな……」。

じつは、この食肉センター事業では、用地買収にあたって民間の業者が仲介しており、利用目的をふせたうえで高額の買値を呈示し、さらに手数料までとっていた。さらに、それにいたる用地選定のプロセスについても、不可解な点が，見うけられていた。県の用地小委員会で、二年をかけて行われた候補地五ヵ所の選定が、各地元の反対にあって振り出しに戻された直後に、一ヵ月ほどの検討期間しか経ずにあらたな建設地がここに決定されていたのである。

建設地をどこに求めても強い反対が上がることが予想されたために、県側としても、やむなくこのような仕儀に出たのだろう。しかしながら、反対されることがわかっていたのならなおのこと、じっくりと時間をかけて地元住民と話し合うべきであった。機動隊を導入しての強行的な着工というやり方が、いたずらに住民の反発をまねいたばかりではない。用地選定のプロセスに見られた不透明な権力関係は、今日における屠場差別の構造を是認するものであるのみならず、その構造をいっそう強化するという最悪の結果をもたらしたといわざるをえない。いずれにしろ、屠場建設の反対運動が「住民自治」を前面にかかげた背景には、用地選定に絡むこのような事情があったのである。

5　教育環境としての屠場

教育委員会と住民・教員の話し合い

さて、この奈良県のみならず、その他福井県や福岡県で起こった屠場建設に反対する住民運動においても、反対理由の中心に位置づけられていたのは、屠場の建設によってもたらされる地域の教育環境の悪化だった。いずれの場合も、建設予定地の半径数百メートル以内に小学校等の教育施設があったが、とりわけ奈良県の場合は、予定地に隣接して県立の盲学校と聾学校が建っていた。

ただし、このように述べると、〈屠場があることによって地域の教育環境が悪化するだって？　それこそ、屠場差別そのものではないか、けしからん！〉という反応が返ってきそうである。じっさい奈良県側は、ことあるごとに、反対派住民のなかには食肉業を忌避する伝統的な意識がいまだに残っているという批判を行ってきた。もしそうなら、この運動は「職業差別にもとづく運動である」という批判が妥当していることになる。

以下では、奈良県の教育委員会と地元の住民・教員とのあいだで行われた「話し合い」の記録を参考にしながら、この点について考えてみたい[3]。

「話し合い」における主な論点は、大きく二つに分けられる。ひとつは、公害や景観等のハード面にかんするもの。具体的には、焼却炉からでる臭気や、豚の鳴声等の騒音、大量の排水、交通量の増加、築山庭園の形状などをめぐって議論がなされた。この点についても、公害を出さない最新式の屠場であるという県農林部の主張をくり返す教委側と、公害の出ない屠場はありえないと各地の屠場の例をあげて反論する住民・教員側とのあいだで、議論は最後まで平行線をたどった。

もうひとつが、幼児・児童の教育環境にかんするソフト面での議論である。住民や教師は、幼児や低学年児童に屠場の働きを教えることは一般的にいって無理であるという見解を示し（じっさい、教育指導要領においては、この時期の子どもには動植物に親しむ経験が必要だとされている）、今回の屠場建設を契機として、子どもたちにたいして教育困難な屠場をあえて教えなければならないような環境（盲聾学校の教師は、とくに障害のある子どもに屠場を教えることの困難さを指摘していた）が生みだされたこと自体が教育環境の悪化にほかならないと主張していた。

教育環境の悪化

これについては、たとえば、次のような住民の発言がある。

「私たちの地域に住んでいる子どもたちは、あそこ（食肉流通センター）に牛や豚がおくられてくるのを、みんな見るわけですやん。いままで、牛や豚がおくられてこなかったのに、おくられてくる。しかも、おくられてきた牛や豚が、あそこに近づけば異様な鳴き声を発する。こんなことあったら、子どもたち疑問もつのあたりまえでっしゃないか」

「（障害児の教育をする）先生たちだけが教えられないと違います。家庭のお母さんがたも同じです。よう教えません。三つや四つの子どもに、牛が入っていくのを見て、あれなぁにと言われて、ロースとかいろんなお肉になってお膳に上がるのよなんて、私には言えません」

一方、教育委員会としては、屠場と教育環境の問題について、住民の質問への回答書のなかで次のような見解を示していた。

「人間は自然から大きな恩恵を受けながら生きており、自然界の動植物は、人間が生きていく上に欠くことのできないものである。従って、動植物の愛護とは、単に動植物をかわいがるだけでなく、人間の生命維持のために役立ってくれるものに対する感謝の気持ちを抱かせることは、人の命を大切にする心情を育てることにも通じるものと考えている。／本食肉流通センターは、無益な殺生をする施設ではなく、指導の必要が生じた場合には、子供の発達過程に応じて、適切に理解させることができる施設であると考えている」

読者の方々は両者の言い分を聞いてみて、どう思われるだろうか。

こうした「話し合い」の過程からうかがえるのは、屠場の仕事を子どもたちに教えることにたいしては、教委の方が積極性を見せているのにたいして、地元の教師や住民たちはきわめて消極的であり、屠場を教える立場に立たされることをできるだけ回避しようとする姿勢さえ見うけられることである。

その限りでは、住民や教員たちの消極的な姿勢の背後に、「日本につよく残っている殺生を罪悪視する一般的な観念」（教委側の表現）と結びついた、屠場の存在自体を忌避する意識を認めることも可能である。そのような視点からすれば、おそらく多くの人の目には、はっきりと教委の主張のほうが、いかにも正論であり、反差別の側にあるようにみえるだろう。

屠場を排除してきた学校教育

ところがある事実を知ることによって、そうした認識は根本から揺さぶられることになる。それは最初に指摘しておいたように、これまでのわが国の公教育では、屠場を教材化して子どもたちに教えようとする試みは、ほとんどなされていないという事実である。

子どもたちに屠場を教えられない、と主張する教師や親たちが抱えこんでいる奥深い不安や迷い。それは、必ずしも根拠のないものではない。なぜなら、彼ら自身、これまで学校で屠場について教えられたことはなかったわけだし、そのために参考にできるような教材ももちあわせていなかったのだから。

「話し合い」の席では幾度となく、住民や教師の側から、「屠場にかんする（子どもの）発達段階に応じた個別的な指導」がどのようにしたら可能なのかをはっきり示してほしいという要求が、教委にたいして行われた。それにたいして教委は、「手引書」を用意していると述べながらも、最後まで「手引書」の内容を公開することはなかった。

こうした経緯をふまえれば、屠場という存在を教育環境という点から十分肯定的に受け入れているかにみえる、先のような教委の言説は、じつは、学校の教育課程で屠場が（一部の例外的なケースをのぞいて）まったく教えられてこなかったという事実を覆いかくすだけでなく、そうした歴史から生じた根拠ある父母や教師の不安を、彼らに差別者の烙印を押しつけることによって、かんたんに切って捨ててしまう機能を果たしていたといわざるをえない。

つまり、こうした関係性にあって、より差別的なのは、むしろこれまで学校教育から屠場を完全に排除してきた（あるいはそうした事実を黙認してきた）教委のほうだったといいうるのであって、ここにも現代社会において屠場をめぐる構造的差別がもたらすさらなるアイロニーが存在している。

6　屠《ほふ》るということ

環境の言説と差別

環境問題と差別問題。この小論では、両者が、現代の社会において多様に交錯するさまを、できるだけ具体的に描きだしていくことをめざしてきた。

そもそも、環境の〈良好さ〉〈美しさ〉〈快適さ〉を希求するということは、見方を変えるならば、環境要素のなかから〈醜なるもの〉〈不快なるもの〉〈穢《わい》なるもの〉を排除するにひとしい行為である。そうした点からすれば、環境の言説は、つねに差別問題と隣り合わせの関係にあるといっても過言ではない。

とはいえ、環境の言説と差別との関係性は、それほど単純なものではない。子どもたちの目に見えるところからは動物を屠殺する施設をできるだけ遠ざけておきたいという、住民たちによる、ある面からすればきわめて利己的であり、かつ差別的ともいえる言説が、奇妙なことに、今日の教育制度によって構造的に維持・生産されている屠場差別の一端を、きわめて正確に撃ちえているという皮肉な事態を、私たちは、いったいどのように解すればよいだろう。

どちらが（だれが）「差別する者」であるかを詮索していったはてにある、個々人や集団の（差別的な）意識に差別現象の原因を求めようとする従来の説明のしかたは、ここではほとんど意味をなさないだろう。なぜなら、私たちのうちのだれもが、今日の屠場をめぐる構造的な差別から、けっして自由ではありえないのだから。

たとえば、映像や写真、あるいはじっさいの見学で、牛や豚が屠殺・解体される光景を目にしたとき、私たちはどんな反応をするだろうか？

「気持ちわるい」とか「かわいそう」とつぶやいたり、目をそむけたり……。

今日、たとえ私たちがこのような態度をとったとしても、それがすぐさま屠場で働く人たちにたいする差別だと非難することはできない。むしろ私たちは、そうした態度をとらせた人びとの差別的な意識を云々する以前に、こうした一般的な反応を生みだす背景にあるものにこそ着目しなくてはならない。それは一言でいえば、《屠るという厳粛な営みからの私たちの生活の徹底した乖離》ということになるだろう。

ニワトリを殺して食べる

それについて、興味深い教育実践がある。鳥山敏子が小学校四年生を対象に行った〈ニワトリを自分たちの手で殺して食べる〉という授業の試みである。この課外授業の詳細については、『いのちに触れる　生と性と死の授業』にゆずるが、そのなかには次のような児童の感想文が載せられていた。

「ナイフでにわとりをころすのが、いやになりました。にわとりの首をきったら、ないぞうがでて、血が『ドクドク』でて、みんなは、きもちわるいみたいで、見ていました。友だちがにわとりの首のあたりをさした。ぼくは、見た。ぼくが一回やったら、すごくあばれ、足がすごい力だった。かわいそうだけど、にわとりをたべないとおなかがすくから、ころした。女子たちが、ないた。けど、ぼくたちは、にわとりをころした」（鳥山　一九八五　一二二頁）

おそらく、いま、私たちに必要なのは、動物を屠るという厳粛な意味合いを、自分たちの生活実感のなかに取り戻すことだろう。そもそも、そうした体験なしに、私たちは子どもたちにたいして、屠場やそこで働く人びとについて、どれほどのことを伝えられるだろうか。

注

（1）鎌田（一九九八）を参照のこと。
（2）以下、この3節で取り上げるデータは、反差別国際連帯解放研究所しがによって行われた部落生活文化史調査によっている。
（3）教育委員会と地元住民との「話し合い」は、一九八九～九一年のあいだに、計一二回、三〇時間にわたった。

第4章　屠場《とじょう》にて
——私のフィールドノートから

ある出来事

「なにかあったたん?」

食肉組合の理事長さんが来られたのは、ちょうど私たちの目の前で、解体場の鉄扉が閉じられようとしたときでした。天井のレールから吊り下げられた牛の枝肉に包丁を入れる作業をしていた男性にたいして、見学していた仲間の一人がカメラを向けてしまったのです。

「あんたら、なにしにきとるん。そんなん撮るんやったら、出てってくれんか」

そういってその人は、中の作業が外から見えないように、自分で扉を閉め始めました。その怒りようは、並大抵のものではありませんでした。とはいえ、その人(あとから、職人組合の組合長で、いわゆる屠夫《とふ》長さんであったことを知りました)の毅然とした態度からは、ただ感情的になっているようにもみえなかったのです。

けっきょくその場は、理事長さんにとりなしていただいて事なきを得ました。私たちはそのときに、場内では仕事中の写真撮影が禁じられていることを知ったのです。その理由は、作業をしている人たちが、顔が後々まで残るのを嫌うから、ということでした。

理事長さんはまた、市条例にある「屠殺《とさつ》」という言葉を改めさせるよう何度も市に働きかけていることや、これまで「屠夫」と言いならわしてきた呼称も「作業員」と言いかえるべきかもしれない、といったことを話されました。

屠場では働いている方々が、自分たちの仕事にたいする世間の反応に、これほどまでに神経をとがらせているという事実。しかし、「屠夫」を「作業員」と言いかえたとしても、「屠る」という行為がなくなるわけではありません。そうした言いかえは、その仕事を、いっそう私たちの目からおおい隠してしまうだけではないでしょうか。そのことを、私たちは深刻に受けとめなくてはならないと思います。

むしろ、いまの私たちに必要なのは、屠るという営みがもつ本来の厳粛な意味合いを、それぞれの日常的な実感のなかに取り戻していくことであるように思うのです。この日の見学は私にとって、そのための第一歩を踏みだす貴重なきっかけを与えてくれました(1)。

牛を割る

(1)牛たち

目にとびこんできたのは、係留所につながれた七、八頭の黒牛でした。

牛たちは、おとなしく立ちつくしています。糞や小便も、この係留所にいるあいだに全部出させてしまうのだそうです。

「だいたい、前の日くらいから来て、係留しとくやろ。ほんと言うと、一日か二日、絶食するほうがええんやけど。われわれはね、牛がかわいいからな。肉がええとか悪いとかよりも、かわいいんや、やっぱり、人間と一緒でよ。夏なんか行くと、喉がかわいたやろ、水もほしいやろ思うて水を飲ましてまうけども、あれ、飲まさんほうが肉質にええらしいわ、うーん」。

案内しながら、理事長さんは戸惑いがちにこう言われます。

⑵屠畜

大きな牛がスローモーション・ビデオを見ているように、崩れ落ちていきました。髪を今風に染めた若者と、もう一人の男性が、二人がかりで牛を押さえつけたようにみえたその直後に、もう、牛は倒れていました。

使われたのはピストルですが、私たちが思うように銃弾が出るわけではありません。引き金を引くと、銃口から二〜三センチの突起物がとびだし、牛の頭骨に穴をあけるしくみになっています。牛はその一撃で脳シントウを起こし、意識もなくなりますが、まだ死んではいません。続いて、頭にあいた穴に、直径五ミリほどの籐の柄を深く刺しこんで脳を破壊して、これが致命傷となるそうです(2)。

⑶排血

牛はこのとき、いわば「脳死」の状態におかれています。血抜きの作業をすみやかに行うためには、心臓が動いていることが必要だからです。係の人が、手早くノドから心臓にかけてナイフを入れ、胴体を吊り下げておいて血を抜きます。この間、わずか一〇分ほど。

いまは、このように吊ったまま抜くことが多いのですが、それ以前には、腹を踏んで血を出していた時代が長く続いたと理事長さんは言われます。

⑷皮を剝く

血が完全に抜けたら、次に頭《かしら》をはずし、体をひっくり返して腹を上にしてから皮を剝きます。この皮を剝く作業は、一連の工程でも一番技術のいる仕事で、すべて手作業で行われます。いっときは、体全体を吊り上げて行ったこともありますが、剝きにくいということで、現在は半体が床に横たわるように半分吊り下げて行われています。肉に傷をつけず、かといって、皮も破らないように、肉と皮のあいだへナイフをすばやく走らせていく職人さんの技は、じつに見事なものです。

「ここでも、冬なんか、太鼓皮て、とくべつに剝く皮を、ちょっと願い請けるときがある。傷がいったらいかんでな、傷がいかんように上手なもんしか剝かん。だから、よく冬場には、職人さんもいちばん技術のうまいやつが、それ、だれにもさわらさんと、一頭やったんです。屠夫も、解体料がそれでようけいもらえるで、やったんで」

と、説明しながらも、「最近は、(そんな依頼は)聞かんなぁ」と理事長さん。

⑸内臓を出してから背割り

皮を剝いた牛は、隣の内臓受け場で高く吊り上げておいてから、下腹にナイフを入れ、一息に内臓を下ろします。下ろされた内臓はすべて、ベルトコンベアーに乗せられて洗い場へ運ばれます。内臓を抜かれた牛の体は、背割りをして、二つの枝肉に分けられます。背中を真半分に引いていくこの作業は、電動鋸によって数分ほど。ここまでの所要時間は、三〇〜四〇分。

⑹枝肉処理

その後、枝肉はきれいに拭かれて冷蔵室へ運ばれ、そこで成熟を待ってから、セリにかけられます。一部は枝肉のまま取り引きされますが、残りは枝肉処理室で抜骨し、筋や脂もとり除き、一一から一三の部位に分割後、それぞれの業者に引きとられます。

以上の工程の仕事は、現在、各工程を分担して担当する一一人の職人さんと、内臓を洗う「洗い子」と呼ばれる女性が五、六人、そして、補助的な業務をする人が数名といった構成で行われているということでした。

屠夫長さんの怒り

このように、屠畜や解体の場面をじっさいに目にしてくると、無断で写真に撮られることに腹を立てた屠夫長さんの心の奥にある思いが、少しは理解できるような気がします。

屠場における作業の現場では、先に見たような整然とした仕事の流れと、細心かつ迅速に解体を行うプロの職人技とが一体となって、非常に緊張感にみちた雰囲気をつくりあげています。

そして、屠畜に始まって、排血、皮剝きなどのさまざまな工程で採用される方法は、それぞれの時代の技術水準のなかで、もっとも合理的と考えられたものです。そこには、牛をむやみに苦しめないという配慮も十分になされています。

じっさい私たちは、このたび屠場を見学してみて、そこでの仕事がどのように行われているかについて、これまで自分たちが知らずに済ませていた部分が数多くあったことに気づかされました。でもこれは、考えてみれば、おかしなことです。すき焼きも、焼肉も、ホルモン料理も、屠畜・解体という作業に携わる人たちがいるからこそ、私たちは好きなときに口にすることができるのです。

生きている動物から生命を奪う職業であるという点から、その仕事に従事する人たちを忌避する意識が、いまでも社会のなかに残っているのは残念なことです。万が一、動物を殺す行為に罪があるとすれば、直接みずから手を下さずにおいて、殺された動物の肉を好きかってに消費している私たちのほうが、その何倍、何十倍も罪があることを自覚すべきでしょう。

屠夫長さんのあのときの態度が、そうした世間の偏見にたいする抗議のしるしであったのは、たしかだと思います。ただ、そのような一般的な解釈では、まだまだ、その怒りに含まれている思いを汲み取ったことにはならないということを、私たちはすぐにも気づかされることになったのです。

屠場差別の「構造」

「われわれは、市にな、市営の屠場やで、職人さんら、市の職員として位置づけしたってくれと、こういうけどね。市はなるべくそういうことを、保障やらいろいろあるやろうでなぁ、極力嫌うで……」

屠場で解体にあたっている職人さんは、多くが白髪まじりの高齢の方々です。その方々がいま抱えている悩みのひとつは、後継者がなかなか育ってこないことです。その理由として第一にあげられるのが、賃金の低さと不安定さです。

現在（一九九六年時点）、屠畜・解体の作業は、職人組合が、牛一頭、三五〇〇円の工賃で請け負うかたちになっています。収入がこうした歩合制で決まってくるために、今日のように処理する頭数が落ちこんでくると、それがすぐさま収入減に結びつくわけです。「若いもんが、食らいついてくるぐらい給料を出すようにせねば」という理事長さんは、給与や身分の安定をめざして職人の公務員化を何年にもわたって市に要求しているけれども、なかなか受け入れてもらえないと、なかばボヤキ顔です。

じつは現在、滋賀県では県内の屠場を一ヵ所に統合する計画が進められています。すでに、新しい屠場のこの市への立地が決定されており、いまの屠場は数年のうちに閉鎖されることになっています(3)。屠場が県営ないし公社経営になれば、職人さんの所属も安定するのではないかと尋ねてみましたが、理事長さんの返答は悲観的なものでした。それ以上に驚かされたのは、新しい屠場の市内への立地も、市として必ずしも積極的に受け入れたものではなかった、というお話をうかがったときです。これまでに食肉産業を興してきたいきさつから断るわけにもいかず、「泣く泣くここに決まった」という事実のようです。

現代社会において、屠場が「迷惑施設」と見なされていることは、残念ですが否定できません。大量の排水や小動物の鳴き声、カラスの飛来などによって引き起こされる周辺の環境問題には、十分な対処が必要でしょう。

しかしながら、他方で、そうした実際的な障害とは直接には関係のないところで、屠場にたいして抱かれる忌避感があります。しかも、そうした負のイメージは、なんらかのしかたで増幅されるようにさえ思われます。これは以前、別の屠場で聞いた話ですが、そこでは屠場に隣接する地区にたいして「迷惑料」を納めているということでした。

これは、もちろん極端なケースです。しかし、このように屠場にたいする負のイメージを増幅させる「構造」は、いたるところに存在しているように思われます。その意味では、屠場で働く人びとの身分を不安定なままに放置しておくとか、屠場の施設や労働条件の改善を怠るといったことなども、そうした「構造」のひとつであることに間違いないでしょう。

「夢よ、もう一度」

「すべての部落産業が、ええとこないようなってきたのが現状やな。自然消滅っていうやつや。食肉ていうやつは、昔の夢やわな。夢よ、もう一度になってもうた」

理事長さんによると、屠場の経営は、一九六〇年代の半ばまでは利潤を得ていましたが、それ以後は慢性的な赤字を抱えるようになりました。屠畜頭数の低下と、設備投資費の返済に加えて、一頭の牛の解体から得られる収益も、いまではずっと減っています。

以前には、皮はもちろん、血、骨、脂から爪にいたるまで、なにも捨てるところがないくらい充分に利用されていたのが、いまはそれらにただ同然の値しかつかなくなったからです。

「戦後一〇年か一五年ぐらいまではな、われわれ卸業者がよ、血を年間、何十万円で買い受けていたもんや。排血したら、出る血をうけて、先に取ってたわね。それを炊いて、肥料にして売る。ほんで、爪は爪でなぁ、乳牛やったけど、爪を切って、きれいに圧縮してね、タバコのケースとかボタンとかに使うたな。骨も粉にひいて骨粉にして、肥料に売った。ほで、いまは骨粉売っても、三〇年前とおんなじくらいの値段やもん、な、商品価値が。んで、骨はいまはただやけど、ただて、骨をもって帰ってもらうと、反対に金出さんならんし。脂もって帰ってもらうと、まぁ、金出さんならん。そういう時代になってもうたね」

食肉業者や屠場関係者にとってここ数十年の変化は、まさに時代の波をまともにかぶるような体験だったようです。職人さんたちにしても、皮の値下がりが、工賃の低下を招き、そのため皮を剝く技術の伝承がさらに困難になっていくというジレンマに陥っているわけです。

おそらく、屠夫長さんの怒りのなかには、これまで見てきたような自分たちのおかれている苦しい状況にたいする、何重にも折りかさなった思いが表現されていたのでしょう。

食事のときに

屠場を見学した日の夕食で、私たちは牛肉のしゃぶしゃぶを食べたのでした。「えへっ、ぼくたち今日、牛の解体を見てきたんだったな。そのあとで、すぐ肉を食うっていうのは、考えてみれば、ちょっとすごいことじゃない？」と、だれかが食べながら軽口を叩いたものです。でも、そんなことを言っている当人が、午前中には牛の腹から取り出されたばかりの湯気をたてている肝臓を見て、「おいしそう」と思わずつぶやいたのを、私は聞いています。

ほんのりまだ桃色の肉をほおばる瞬間に、目の前に甦ってきた光景があります。それは、屠場で忙しそうに立ち働いていた人たちの姿でした。

枝肉処理室で、二人の職人さんが、黙々と大きな肉のかたまりと格闘しながら、ていねいに骨や筋、脂を取り去っていく様子。それは、まるで肉の彫刻に専念している芸術家を思わせる打ちこみ方でした。また、大きな水槽がいくつも並んだ内臓の洗い場で、ゴム長にゴムのエプロンと手袋といった姿で、水槽のなかでいろいろな部位の内臓を、洗い、かき集めては、別の水槽に移す作業をしている「洗い子」の女性たち。厳寒期、それもＯ１５７対策(4)で、ふだんの三倍濃度の塩素が投入されたという水に長時間にわたって手をひたして行う厳しい作業です。

これまでと同じように肉を食べるにしても、屠場で働く人びとのこんな姿を思い浮かべながら、肉に箸をつけるようになったことが、私にとって、屠場を見学したことによる大きな変化のひとつだったのかもしれません。動物を屠るという営みがもつ厳粛な意味合いを、私たちの生活実感のなかに取り戻していく、などと小難しいことを言いましたが、きっかけは、こんなささいなことのうちにもあるように思うのです。

注

（1）この見学は、一九九六（平成八）年の暮に、近江八幡市の市営屠場で行われたものである。なお、この屠場にかんする調査報告書としては、桜井・岸編（二〇〇一）がある。

（2）二〇〇一（平成一三）年にBSE問題が発生して以来、危険部位である脳や脊髄の断片が飛散する恐れがあるので、こういうやり方に代えて、高圧電流による不動化装置が用いられるようになっている。

（3）実際には、この屠場は二〇〇七（平成一九）年三月まで営業を続け、新屠場が同年四月に開業されたのと前後して閉鎖された。

（4）ちょうどこの年の七月に、大阪で病原性大腸菌O157による、集団食中毒事件が発生した。

第5章　牛を丸ごと活かす文化とＢＳＥ

1　肉骨粉の謎を追って

ＢＳＥ現象の本質とは？

暮れも押しせまった師走の一日、私たちは滋賀県内にある市営屠場《とじょう》を訪ねた。まだ朝の十時過ぎだというのに、その日予定された解体作業はすべて終了していた。土曜日とはいえ、例年ならば少なくとも日に四、五〇頭は持ちこまれるところ、この日に割られた（屠畜・解体された）牛は、たったの数頭だった。

「（十一月に入って）まだ、一五〇頭に達してない、どないなんやろう」

「去年は、（十一月の屠畜実績が）七五〇頭で、今年は、三〇〇頭ちょいしかいかんやろうな」

「いやいや、二六〇頭ぐらいか、そねいなもんですわ、やっと」

事務所のストーブを囲んで、小声でこんなやりとりがかわされている。一年のなかでも十二月は、贈答用や正月を控えて牛肉需要が一番多い月である。それが今月は、屠畜頭数が例年の半分から三分の一近くにまで落ちこみそうだという。

その年（二〇〇一年）の秋口に引き起こされた「ＢＳＥ（狂牛病）騒動」が、文字通りに屠場とその関係者を直撃していた。この騒ぎの第一の原因が、汚染された肉骨粉や飼料にたいする国による輸入規制の遅れであることはいまや明らかである。しかし私には、わが国におけるＢＳＥ現象の本質は、もっと奥深いところにあるように思われる。

食肉業者や学者たちによる抗議にもかかわらず、牛海綿状脳症（ＢＳＥ）という正式名称を押しのけて「狂牛病」という俗称が一人歩きしてしまい、偏見の拡大による風評被害を生むにまかされているこの社会の現状を、どう見たらよいのか？

さらに、「厚生省は、机の上であれしてるだけや、仕事してる者のこと考えてない」「行政もなぁ、やはり、差別いうのはなぁ、部落産業いうもんが頭に入りこんでるさかい、いまだに、（屠場の）中へ入ってとか、せんからなぁ」この日出会った人たちが口々に洩らした、こうした嘆きの言葉の数々は、いずれもいまに始まったものではなかったのである。

あれだけの報道合戦がありながら、現場の切実な声は、まったくといってよいほど伝えられていない。そこには、長年にわたり生みだされてきた、部落産業にかんする私たちの知識や情報の欠如に、どこかで通底する問題が潜んでいるように思われてならない。

「肉骨粉」の謎

秋以降、勝手に一人歩きを始めた言葉に、もうひとつ、「肉骨粉」がある。国内でＢＳＥが確認されて以来、日本中をまたたくまに席巻した感があるこの言葉。しかし、その実体は謎につつまれたままである。

試みに、この言葉にかんする記憶をさかのぼっていただきたい。二〇〇一年九月以前に、この言葉を目や耳にしたことのある人は、ほとんどいないはずだ。

しかしそれも、やむをえないことだろう。なぜなら、ある全国紙（全国版）の記事を、「肉骨粉」という語で検索してみたところ（朝日ＤＮＡによる）、一九八五（昭和六〇）年以降今回の事件が起こるまでに、この用語が使われた記事の数は、まず最初は一九九六（平成八）年四月に一件、次は二〇〇〇（平成一二）年十一月に三件、そして二〇〇一（平成一三）年二月に二件、三月に一件の、計七件のみだった。これでは、畜産や食肉業に携わっていない私たちにとっては、よほどの関心をもたない限り、肉骨粉という言葉に気を留めていた可能性は低かったといわざるをえない。

ところで、この言葉がはじめて全国紙上に登場した一九九六年四月一七日の記事とは、どのような内容だったろうか。じつは、この記事こそ、農水省が、農業団体や飼料業界に出した、英国産肉骨粉の輸入自粛通達、および反すう動物を原料とした飼料を反すう動物に与えることの自粛通達にかんするものである。内容はわずか数行で、背景にあるＢＳＥ問題（前月末に、イギリス議会で、ＢＳＥは牛だけでなく人にも感染するという重大発表がなされていた）にもまったく触れられていない、ごく簡単なものだった。

のちに、関連業界においてこの通達が遵守されていなかったことが明らかになり、肉骨粉にたいする法規制をせずに自粛通達を出すにとどまった農水省の姿勢にたいして、危機管理体制の甘さという点から厳しい批判が投げかけられたのは周知のことである。

たしかに、あのとき、きちんと法規制をしておけば、という悔いは残る。しかしその一方で私には、今日でも依然として見えない多様なルートを経て生産・供給されている肉骨粉の使途にたいして、その当時、ほんとうに有効な法の網をかけることができたのかという疑いが、どうしても拭いきれないのである。というのも、そもそも肉骨粉という存在そのものが、関連業種で仕事をする人たちのあいだでさえ、まったく見えていなかったというのが、事件当時、わが国の偽らざる現実だったからだ。

じつは、それまで五年にわたり屠場で続けられてきた私たちの聞き取り調査（その成果は、桜井・岸編 二〇〇一として刊行した）のなかで、だれ一人として「肉骨粉」という語を口に上らせた人はいなかったのである。これはなんとも、奇妙なことではなかろうか。

師走のこの日、屠場の場長さんをはじめとして、割った牛を枝肉やカット肉にして卸す割り屋さん、屠場で食肉以外の副生物（皮、頭、脂、骨、血など）の処理に長年携わってきた化製場の経営者といった方たちに、誰彼となくこの疑問を突きつけてみた。

驚いたことに、帰ってきた返事は、「この辺で、肉骨粉いうなぁ、われわれは知らなんだわなぁ」「骨粉はあっても、肉（骨粉）なんて、話に出たこともない」といったように、彼らは皆が皆、この騒ぎが起こるまでは、肉骨粉という言葉があることさえ知らなかったのである。

よくよく話を聞いてみると、肉骨粉の登場は、それまで屠場や化製場を中心として形成されてきた〈牛を丸ごと活かす文化〉の変容と密接にかかわっていたのだった。

2　牛を丸ごと活かす文化

化製場の仕事場から

みなさんは、化製場という所をご存じだろうか。屠場では、牛の解体を通じて枝肉が生産される。その過程では当然ながら、剝かれた牛の皮や、切り取られた頭《かしら》、膝から下の脚骨、抜かれた血、下ろされた内臓などといった副成物が生みだされる。それらの副成物を、さまざまな用途に向けて加工処理するための小工場、それが「化製場《かせいじょう》」である。

かつて牛は、「無駄にするのはモーという鳴き声だけ」と言われたように、それこそ頭の先から尻尾の毛まで、少しの無駄もなく徹底的に利用された。それを可能にしたのが化製場という存在であり、また、そこで働く職人たちの技術だった。

今日、肉骨粉として一括処理される牛の油粕や骨粉も、以前は全く別個に、それぞれの再利用のルートにのせられていた。

たとえば、内臓を巻いている脂。これは、戦後の早い時期にボイラーが導入されるまでは、直径二メートルほどの大鍋のなかで炊かれたという。長い棒で一、二時間かけてゆっくりかきまわしていると、脂分が溶けて出て、ヘットと呼ばれる高級な料理油がとれた。残った油粕は、捨てられることなく、料理のダシ用に、近在に行商して売られていた。そのダシで野菜を炊くと、それはおいしく炊けたという。そして行商にも回せない残った油粕は、さらに万力をかけて圧縮し、ヘットを最後の一滴になるまで搾りとった。

それほどまでに、当時、ヘットは貴重品だったわけだが、驚くべきことに、こうして二重にヘットをとった残りの粕も、けっして廃棄されたわけではなかった。万力をかけられてカンカンの円盤状になった脂粕は、さらに斧で細かく砕かれ畑の肥料として売られたという。ある人は、「百姓さん、皆それ、買いに来たわ。ブドウ園やらやってる人は、ブドウがおいしいなる言うてなぁ」と懐かしそうに語っていた。

骨についても、脂と同様、徹底した再利用が試みられた。以前、化製場の使用人は、肉屋が枝肉をさばいたあとに残った骨をふたたび回収するために、近在近郊の肉屋を定期的に回っていた。こうして回収した骨に付着している肉や脂やスジは、作業場で徹底してそぎ落とされた。「骨が、つるつるになるまでにした」と聞いたが、それも、けっしてオーバーな表現ではなかったようだ。骨から削り取られた肉片や脂分、スジは、近郷から買いに来た人たちに安い値で売られたが、職人たちの晩の食卓に上ることもあったという。

一方、「つるつる」にされた骨は、斧やノコギリで適当な大きさに切られて、一ヵ所に積まれていった。その当時、化製場の仕事場には、朝から晩まで、職人たちが骨を砕くカン、カン、コン、コンという音が響き渡っていたという。

徹底した再利用の文化

それでは、このようにして貯まった骨は、いったいなんのために用いられたのだろうか。私は、はじめてその利用法を聞いたときには、にわかに理解することができなかった。なぜなら、骨のなかの空洞に貯まっているわずかな脂を集めて、それからまたヘットを作りだす、というのだから。

じっさい、骨脂から良質のヘットを取るのは、先に見た内臓脂からヘットを作る場合に比べても、はるかに熟練を要する仕事だった。ある人は、その作業の様子を、次のように振り返っていた。

「骨を砕いて、生のを、鉈で砕いて、（水に入れて）どんどん炊くのや。骨を水で炊いて、上に浮いてくる脂をすくって。これを上手にとると、ふつうに内臓の脂を煮てとった油とおんなしぐらいの程度のものを、うまくすくい上げんのやな。骨を、下手に炊くと、アクが出るんで、アクもきれいにとらんとね。（下手すると）これが、半値もせんようなランクになってまう」

大釜のぐつぐつ煮立った湯のなかに放りこまれる大量の骨片を想像していただきたい。アクやオリをよけながら、上に浮いた脂だけを慎重にすくい上げるのは、そうとう根気と体力、そして経験のいる作業だったにちがいない。白い上質のヘットがとれれば、食用油としてよい値で売れた。しかし、下手をしてオリやアクをいっしょにすくうと茶色く濁ってしまう。その場合は、主に石けんの原料として、工業用に回されたという。なお、このように骨の脂を抜かれたあとの骨はどうなるかといえば、作業場のコンクリートの上に広げて天日に干したあと、斧で砕いて骨粉にした。こちらもまた、肥料としてひっぱりだこだったという。

このように牛の脂や骨が、油粕や骨粉として最後まで有効利用された時代には、そもそも「肉骨粉」などという名称が介在する余地はどこにもなかったこと。そのことは、これでわかっていただけたのではなかろうか。

さらにまた、今日ＢＳＥに感染する可能性が高い危険部位の筆頭に名指しされた脳、脊髄、眼球なども、これまでは医薬品や化粧品の原料として、さまざまに利用されていた。たとえばこの化製場でも、かつて、脳味噌の大半は、ドラム缶に貯めておいてから、ホルマリン漬けの脳下垂体などとともに、臓器から薬品を造る製薬会社に売っていたという。

《豊かな》食文化

しかしそれだけでなく、屠場と隣り合うこの地区では、脳や脊髄が、その他の肺、腸、胃などのホルモン類とともに、食卓に彩りをそえる格好の食材として重宝されていたことも、ぜひとも書き添えておかなければならない。牛の脳味噌については、残念ながら、私たちの調査の過程では、実際に賞味する機会には結局、最後までめぐりあえなかった。頭骨をはずすのに時間がかかるために、いまでは商品価値のある天肉や舌を取り去ったあとの頭《かしら》とともに、脳味噌も廃棄処分にされているという。

それにしても、牛の脳味噌は、いったいどんな味をしているのだろうか？　一度、そう問うてみたときには、「わりに、おいしいんで、うん。よーう、食べる家があったわ。その家、子どもがみんな賢うなるように、とか言うて。ほんに、事実、賢かったんちゃうか」と、冗談か本当かわからないような話を聞かされた。

実際に料理して食べさせてもらった数々の珍味のなかには、「フクタビ」「フク」などと呼ばれる肺の天麩羅や、すじ肉の入った「こごり」などが忘れがたいが、とくに変わり種は、「シラズ」と呼ばれる脳下垂体だろう。面白いのは、その「シラズ」という呼び名の由来である。焼くと美味なために、屠場で解体作業をしている職人が、親方の目を盗んで（つまりは、親方がシラズにいる間に）こっそり持ち帰ったところから、そういう名前がついたのだという。

味のほうは、どう表現すればよいだろう。シコシコとした独特の歯ごたえがあり、あっさりしているが、ねっとり舌にからみついてくるところがある。ちょっと矛盾するようだが、「脂のよく乗った鶏のササミのよう」とでもいえば、なんとかその感じがわかっていただけるだろうか。

そういえば、このシラズを食べるときに、きつく注意されたことがあった。鉄板で焼くときに、くれぐれも火を十分に通して、けっして半焼けのものを食べたりしないように、と言われた。ほかのホルモン類ではそういうことはないのだが、このシラズに限っては、生を食べるとだれもがとたんにひどい下痢におそわれてしまうのだという。美味いものには危険が伴う、ということか。

また、ＢＳＥ問題の発生によって、忘れるに忘れられなくなってしまった体験というのもある。以前、屠場の休憩室でホルモン粥をご馳走になったときのこと。午前中の解体作業を終えて、屠夫の方々が引き上げてくる。昼食にとれたてのホルモン入りの粥やうどんを作るのが、冬の恒例行事になっている。「一度、食べにきたらええ。うまいぞ」と招かれた私たちは、一升瓶をぶら下げてうかがった。

小米で炊いたあつあつの粥を、何杯もおかわりした。スジ肉でダシをとり、ニンジン、ゴボウを入れ、醤油で味付けされた鍋のなかをのぞくと、なんとも得体の知れぬものが見え隠れしている。やわらかく味のよくしみ通った肉片は、ふだん、店先で売られることの少ないノド肉。粥を盛った茶碗をかき混ぜると、不透明なパイプ状の物体が、箸にあたった。もち上げて、パイプの連結部分をひとしきり観察し、噛むとコリコリと軟骨のような歯ざわりがする。尋ねると、これは、大動脈の血管だった。

また、大きめの白い豆腐らしきものも入っている。口に入れると、豆腐よりも固め。生麩のようななめらかな舌ざわりとともに、モチモチとする食感は絶品だった。これはうまいとおかわりのさいに聞くと、なんとそれが脊髄だったのである。

牛の脊髄は、いまでは解体作業中に飛び散らないよう、背割りの工程の前に吸引装置を使って完全に除去されている。先に見たいくつかの食材と同様に、この脊髄が、今後ふたたび食卓へ上ることは、はたしてあるのだろうか。そう考えると、あらためて失われたものの大きさに気づく。

3　〈牛を丸ごと溶かす文化〉の到来

資源から「廃棄物」へ

高度成長の進展とともに、これまで見てきたような牛の副成物を徹底的に利用し尽くす、ある種のエコロジカルな文化にほころびが生じ始めた。その原因は、以下のような複合的な要因の絡み合いのなかに求めることができよう。

まずは化学肥料の普及や、ヘットの値下がりという事態がある。たとえば、ヘットは戦後の高い時期には一斗缶にして一万円の値がついたという。それがいまでは、一斗缶あたり、よくても千円といったところである。逆に、物価水準の方は十倍近くはねあがったわけだから、「とてもやないが採算が合わへん」というのもうなずけよう。その背景には、東南アジアからの安価なヤシ油の輸入がある。また、戦後しばらくは、野菜や果樹の栽培に肥料として重用されていた油粕や骨粉が、安価な化学肥料にみるみるうちに取って代わられたのも、周知の事柄である。

さらに人件費の上昇という点もあげられる。化製場関係者がもらすように、「骨脂でも、またとろう思うても、人手が高うついてどうもならん」というのが実状である。

そして、これらにたいする最終的な追い打ちとなったのが、環境問題の発生だった。私たちも、骨粉の製造のために導入されたボイラーについて「蓋を開ける場合に、ボーンとエア抜きしますわな。ありゃ、ものすごう臭うんですわ」といった話をよく耳にした。こうした事情の背後には、以前には桑畑だった化製場の周囲に人家が建てこんできたことが大きく関係していた。

結局、「もう、いま、化製でも、骨炊いたら、（臭気のせいで）近所あかんやろ、脂炊いたらあかんやろ、なにも仕事できへん」といった状況に追いこまれ、ここの屠場では、すでに一五年から二〇年ほど前にボイラーの稼働を停止し、かつてのような化製場の仕事は行われなくなっていた。

このボイラーの廃止という事態が、じつは、〈牛を丸ごと活かす文化〉にたいする決定的ともいえる変化をもたらした。なぜなら屠場や化製場にとって、それまで有効な資源であった骨、脂、頭、さらに県内で年に数百頭出るといわれる斃死牛までが、ボイラーの廃止と同時にたんなる「廃棄物」へと一挙にその意味を変えてしまったのだから。

意識のなかでいったん「廃棄物」と位置づけられてしまうと、当面の課題はそれらをいかに処分するかであって、その後々の利用法までは、当然ながら思いいたらなくなる。「どこへ持ってってるかは知っとるけど、その後の（肉骨粉という製品になってから）どこへ、どう流れていってたのか、僕らわかれへんわなぁ」というある人のもらした慨嘆には、肉骨粉という存在自体が、当事者（この場合は、肉骨粉の原料を供給している側）からも見えなくなっていく過程が暗示されていた。

私たちがこの日に知りえたのは、この屠場から出る廃棄物は、すべて名古屋にある化製工場へ引き取られているということまでだった。その化製工場を視察した人は、そのときの様子をこんなふうに語っていた（なお、この視察は、国内でのＢＳＥ発生以前に行われたものである。したがって、現在は肉骨粉の製造段階で、原材料が牛とそれ以外に厳しく峻別されている）。

「現場見に行ってびっくりした。ただ、肉骨粉いうてますけどね、実際上は、鳥、豚、魚の粗、全部いっぺんに入れて、（レンダリングで）がちゃがちゃやって（溶かして）、乾燥して、肉骨粉になってるという。そのうち、牛の入ってる割合は、ごく少なかった、実際は」。

つまり、今日の化製（レンダリング）工場は、さまざまな有機廃棄物を家畜の飼料等へと転換する、再生工場の役割を果たしたのである。「日本中、あの商売なかったら、全部マヒしますわ。料理屋やら、残飯を生ゴミとして焼却場へ持ちこんだら、パンクしてしまう」「そこのレンダリング会社が止まってしまったら、屠場の営業は、にっちもさっちもいかんようになる」という言葉からも、その役割の大きさがうかがえる。ある意味では、肉骨粉の生産は、〈牛を丸ごと活かす文化〉が徹底された究極の形態なのである。もちろんそこには、本来草食である乳牛の飼料や代用乳にまで肉骨粉を「活用」してしまうという、最悪の結果が待ち受けていたのだけれども。

なぜ肉骨粉が乳牛に給与されたのか

ここでぜひとも考えておかねばならないことは、なぜ、肉骨粉が、乳牛、すなわち政府が通達で禁止していた反すう動物に給与されなくてはならなかったのか、という点である。

ただ、その前に確認しておきたいのは、肉骨粉は、雑食性の家畜、つまり豚や鶏にたいして餌として給与された限りでは、それ自体として、なんら問題を引き起こすような性質の物質ではなかったという事実である。先に見てきたように、社会条件の大きな変化のなかで〈牛を丸ごと溶かす文化〉の到来は、ある意味で不可避的な現象だった。そうした流れのなかで、肉骨粉が異常プリオンによって汚染されるにいたった経緯は、人間がみずからの都合で、草食動物にたいして肉食、つまりは共食いを強いてしまったという、あくまで外的な要因にもとづくものであった（この点は、ローズ 一九九八にくわしい）。

乳牛の飼料の一部にこれまで肉骨粉があてられてきた理由について、信州のある酪農家は「一頭あたりの産乳量こそが経営を左右する」という現状から、次のような類推を行っている。

「産乳量をいかにして高めるか？　乳牛を健康に飼育して毎年子牛が生まれるような方法をとるか、あるいは乳牛を経済動物として見て、一産あたりの産乳性をとにかく高める方法をとるか、それが分かれ道である」としたうえで、著者は、前者の立場をとる自家の場合、乳牛一頭あたりの年間乳量は平均八七〇〇kgだが、後者の側にあたる大規模牧場では、年間平均乳量は一頭あたり一〇〇〇〇～一二〇〇〇kgだという。そして、この後者の数字について、著者は、「特殊な産乳性の高い、高タンパク・高栄養の飼料を与えない限り不可能な数字である」と指摘したのち、「それが肉骨粉だったのではないだろうか。価格は、他の高タンパク・高栄養飼料の四分の一。タンパク質含量は五〇％。産乳性を高めるには最高のエサなのである」と述べている（小沢　二〇〇一　三二一―三二三頁）。

さらに、今回の国内でのＢＳＥ騒動で、汚染された肉骨粉が混入した可能性を強く指摘されているものに代用乳がある。この「代用乳」という言葉も、おそらく私たちの多くにとっては初耳ではなかったろうか。農水省の『ＢＳＥの感染源及び感染経路の調査（第二次中間報告）』（二〇〇二年三月）では、「動物性油脂」と記載されているのだが、母牛から少しでも多くの牛乳を生産するために、母牛の乳の代わりに子牛に与えられるのが、この代用乳である。まさに、「一産あたりの産乳性をとにかく高める方法」が行き着くところに、代用乳への需要が生みだされてきた。

これらの事実を一つひとつ確認してくると、ＢＳＥ問題は、私たちの前に、これまでとはまったく違った相貌のもとに立ち現れてくるだろう。

4　ＢＳＥ問題と私たち

ＢＳＥ問題の情報空間

私たちの多くにとっては、ＢＳＥ問題とは、まずもって牛肉問題のことだった。なるほど、この問題が生じたために、一時期、安全な牛肉を手に入れることが難しくなったわけだから、あながちそうした認識が間違っていたというわけではない。

しかし私には、それによって、見逃されてしまう問題というのが多々あるように思われてならない。

ＢＳＥ問題を牛肉問題として見る限りは、ＢＳＥ発生の責任は、牛の飼料に肉骨粉を与えた生産者（酪農家）にあることになるし、同様に、肉骨粉が圧倒的な悪玉として集中砲火を浴びることにもなった。

だが、前節で見たように、じつは、ＢＳＥ問題とは、牛肉問題というよりも、むしろ牛乳問題なのである。問題のとらえかたをこのように転換したうえで、あらためて考察することの意義は大きい。牛肉問題としてＢＳＥ問題を見る限り、消費者である私たちは、この事態によって多大な迷惑を被った被害者である。しかし、いったん、それが牛乳問題とされると、私たちはそう安穏とは被害者然としているわけにいかなくなるからである。

今日、酪農家がいかに追いつめられているか。それは、先の酪農家の報告にもあるように、「牛乳の生産者価格は市販のミネラルウォーターの半値」という現実に端的に示されている。酪農家が、ともかく乳量の増大を至上命令とせざるをえないこうした背景には、酪農経営の規模拡大・多頭化を一貫して推進してきた行政や、原乳をできるだけ安く買いたたいてきた大手の乳業会社と並んで、安価な牛乳を大量に求める消費者がいることを忘れてはならないだろう。

肉骨粉の謎を追い求めることによって、私たちが到達した地点。そこは、奇妙に歪んだ情報空間だった。肉骨粉を悪玉視する過剰な意味づけが、マスコミ等を通じて広く流布される一方で、肉骨粉が生産されるにいたる歴史的なプロセスや、現代日本において肉骨粉を飼料へと活用することの不可避性などにかんする冷静な分析や報道は、私が知る限りほとんどなされていなかった。また、代用乳問題にいたっては、不思議なことに、それを利用せざるをえない酪農現場にたいする反省の声さえ、いまだに正面きって上がってきてはいない。

肉骨粉にかんする報道の一面的な過剰と、代用乳にかんする報道の全き欠如。こうした事態のなかに、情報の歪みがはっきり現れている。そもそも、これまで反すう動物に共食いを強いた点ばかりが強調され、批判されてきたが、家畜の福祉からすれば、代用乳の給与というかたちで子牛から母乳を奪うこともまた、重大な問題ではないだろうか。しかも、この事実は反対に、人間にたいしても、みずからの子どもを母乳ではなく人工ミルク〈牛乳の成分〉によって育てるのを当然視する昨今の流れに再考を迫らずにはおかないだろう。

そして、最後に強調しておきたいのは、このたびのＢＳＥ問題が、被差別部落の生活や産業にもたらした多大な被害である。私たちはこの論文で、肉骨粉の原料を供給した屠場や化製場の関係者にとってさえ、肉骨粉という存在が見えていなかった点を指摘した。

だが、じつをいえば、私たちもまた、肉骨粉の実体をなんら知ることなしに、ひたすら肉骨粉についてのマイナスイメージを増幅させる動きに与してきたのではなかったか。肉骨粉の生産の歴史の背後にある〈牛を丸ごと活かす文化〉を築いてきた人たちの営みを、なんら認識することもなしに。被差別状況のなかで培われてきた《豊かな》食文化が、ＢＳＥの発生によって壊滅的な打撃を受けていると知ることもなしに。

第6章　環境のヘゲモニーと構造的差別

――大阪国際空港「不法占拠」問題の歴史にふれて

1　環境利用と構造的差別

〈環境利用における他者の排除〉

たとえば一定の土地に、なぜ、ある人たちは住むことができ、ある人たちは住むことができないのか？　あるいは一定の土地を、なぜ、ある人たちは利用でき、ある人たちは利用できないのか？　これは一見したところ、あまりにも自明な問いに思われるかもしれない。しかし、近代社会が前提とする私的所有の権利関係の枠組みから一歩外に踏みだしたとたん、私たちには確信をもって答えることが難しくなるように思われる。

環境利用をめぐる諸問題、すなわちさまざまな時代や地域において、多様な資源を人びとがどのように管理し、利用し、また所有してきたか、といった問題群は、これまで（日本の）環境社会学が誕生以来、一貫して探求し続けてきた枢要な研究領域のひとつである。そして、こうした環境にたいする利用・管理・所有といった問題群のかたわらには、つねに、〈環境の利用や管理や所有からの他者の排除〉とでも表現すべき、解決のきわめて困難な問題群が、まるでコインの裏表のように、あるいは、いくら拭ってもぬぐい去れない宿痾のように、つきまとってきたことも否定できない。

たとえば、(1)共有林や入会権をもたない被差別部落住民が、他人の持ち山でやむをえず毎日の煮炊きに必用な松葉、枯れ枝などの柴拾いをすること。これは、やはり「柴盗み」などと称されてきたように、隣村から非難されてもしかたのないことなのだろうか？[1] (2)野宿者たちにとって、公園や路上などでテント生活を送ることは、「公共の福祉」に反するがゆえに、許されないことなのだろうか？ (3)第二次世界大戦の前後に勝手に公有地や私有地に住み始めた在日の人たちは、さまざまな事情があったにしろ、あくまでも「不法占拠」者であって、そこに住み続ける権利をもたないのだろうか？

これらの問いに正面から答え、なおかつ、個々の行為の正当性まで主張しようとすると、私たちには、「歴史」や「記憶」を総動員することが必要になってくる。いや、それらの正当性（あるいは、反―正当性）がじっさいに構成されるプロセスまでも把握しようとすれば、けっして「歴史」や「記憶」を勘案するだけでは十分だとはいえない。なぜなら、その時々に存在する多様な権力関係が、正当性（すなわち「環境的正義」）の構築過程にたいして直接間接に影響を及ぼすことになるからである。

さて、それではこれらの事態にたいして、今日の環境社会学は、いったいどのような判断を下すことができるだろうか？　こう考えてみて気づかされること。それは、意外にも、（日本の）環境社会学は、この種のテーマにかんして一部の例外的な研究者をのぞくと、これまで研究対象としては取り上げてこなかった、という事実である。

いったい、これはどのような理由によるのだろうか。その背景となる要因を探求するにあたり、まずは、先の(2)のケースをめぐって野宿者／ホームレスの研究者たちによってなされてきた議論に耳を傾けてみよう。

野宿者／ホームレス研究とコモンズ研究

現代社会において、野宿者が生活のために公共の場所を「占拠」せざるをえない状況があることを指摘する中根光敏は、「路上で野宿して生活するのは、実際には、肉体的にも精神的にも大きな苦痛を伴うものにちがいない。しかし、それでも、『保護』という名目でもって、行政の手で隔離・収容される生活よりも、(路上には) 生活者にとって望ましい生活が存在しているということである」として、それが「不法占拠」であるという批判にたいしては、野宿者にも「路上で生活する権利」があることに注意を喚起する (中根 一九九九 九二頁)。

また、田巻松雄は、名古屋で日雇い労働者たちが多数野宿しているビルの軒下にビル管理会社がフラワーポットを設置したことがきっかけで、追い立てられた野宿者側の支援者と管理会社とのあいだで衝突が生じた事例を報告するなかで、この事件においては「町の『美化』か、野宿者の『人権』か、ということが大きな争点」であったと指摘している (藤井・田巻 二〇〇三 四二頁)。

これらの事象には、〈公共的な価値〉と〈マイノリティの人権〉とのあいだの厳しい葛藤や対立が見てとれるが、前者を〈環境的な価値〉におきかえれば、野宿者／ホームレス問題が、環境社会学の重要なテーマであることは明らかだろう。

にもかかわらず、環境社会学は、これまでこの問題を正面から取り上げてこなかった。それは、なぜだろうか。この点を考察するために、あるコモンズ論者の文章を引用したい。

「第三に、町の公園の例を考えてみよう。公園は、パブリック・コモンズとして、市民の誰もが等しく使うことのできる空間である。その場所を自分だけが利用できる特権的な空間と認識している人はいない。公園の管理者である町が占拠者の立ち退きを強制執行するさいの論理は、公的スペースの私物化禁止である。公園内を犬を連れて散歩することと、公園内に住居を建設することとは決定的に違う。利用してもよいが、占拠したり占有することはできない。また、公園では利用者のマナーが要求される。ゴミを捨てない、犬の糞を始末する、無断で露天を出さない、公園内の公衆トイレは『みんなのものです。きれいに使いましょう』などのルールが決められている」（強調引用者。秋道 二〇〇四 三四頁）。

ここで誤解しないでいただきたいのだが、私はなにも、野宿者への強制排除を正当化する言説として、この文章を引用しているわけではない。この論者は、地域から国家へいたるまでさまざまな「共有のしきたり」があることを示すため、たんなる一ケースとして公園のルールに言及したにすぎない。じっさい、彼がその著書のなかで主として言及したのは、「第一の」ケースとしてあげられた夫婦による部屋の利用・占有の場合でも、「第三の」ケースの公園の場合でもなく、「第二の」ケースとされた共有林の利用権にかかわるような、村や村々が生みだしてきた「文化的慣習」としての地域資源の利用権をめぐる問題であった。

しかし、この引用文には、多くのコモンズ研究者に共有されている一定の心的態度が鮮明に現れていることを、ぜひとも指摘しておかなければならない。その態度とは、〈環境利用にかんして、（多くの）生活者によって現に遵守されている（と見なされる）ルールにたいして、（そのルールのもつ負の社会的機能、すなわち当該ルールが他者の排除という行為に正当性を付与している可能性には触れずに）できるだけプラスの価値を見いだしていこうとする姿勢〉と言いあらわすことができる[2]。

こうした傾向は、鳥越皓之の次のような文章にも顕著にうかがうことができる。鳥越は柳田国男の『都市と農村』の一節を噛みくだくかたちで、村落社会における「弱者生活権」[3]の存在を指摘した。

「伝統的には共有地（コモンズ）は、困った人に優先的にそれを使うことを許していた。ところが、行政はそのような伝統を無視して、共有地を整理、分割してしまった。その結果、自力で生きていけない最下層民が出現することになり、行政（政府）は慈善とか救助という新たな政策を出さざるを得なくなってきたのである」（鳥越　一九九七b　一〇頁）。

この文章には、生活環境主義の諸議論がまとう演繹的性格が、端的に立ち現れている。それは、後論で私たちが言及することになる「共同占有権」論にも共通するものである。なお、ここで言う〈演繹的方法〉とは、前提となる一定の抽象的な認識枠組みから議論を導きだしてくる方法のことであり、往々にして、その枠組みからはずれる歴史的事実をネグレクトする傾向性をもつ。じっさい、右に引用した認識においては、（A）近世の村落社会が貧困者に入会地の優先利用を許したといっても、それは本村のメンバーに限られており、枝村の賤民身分の者はこうした利用の埒外におかれるか、利用が許されたとしても本村とのあいだに大きな格差が存在したし、（B）近代に入ってさえ、被差別部落住民は、整理を免れて残った入会慣行から排除されることが多かった、といった現実そのものが、完全に捨象されている点に注目しておきたい(4)。

もちろん、このように生活者に共有された環境利用のルールを積極的に承認していく研究上の立場は、十分にありうる。ただ、そうしたルールから排除された生活者たちの声にも耳を傾けようとする〈対話〉のスタンスが必要だろう(5)。

もしも、そのようなスタンスが保持されないならば、（a）マイノリティの存在自体を無化した一面的な理論モデルを流通させることになるだけでなく、（b）アカデミックな権威の装いのもとに、当該社会における支配的なルールを正当化する効力を生みだしてしまうことになるからである。

構造的差別のヘゲモニー分析に向けて

パブリック・コモンズや入会のルールを、私たちが受容したり、適用していく行為は、それ自体としては差別であるとも、差別でないともいえない。しかし、現代（または近代）日本社会という具体的な文脈において、それらを受容したり適用したりすることが、さらには、それらのルールにたいして学問的に正当性を付与する営みが、意図せざる結果として、野宿者や部落住民を環境利用から排除するとともに、彼らにたいする差別の生産・再生産に加担してきた側面を見逃してはならないだろう。私はこのように、差別する側と差別される側がおかれた社会的な立場性の違いに起因する、いわば意図せざる差別のことを構造的差別と呼んでいる(6)。

こうした構造的差別のメカニズムを解明するために私たちが採用するのは、ヘゲモニー分析の方法である(7)。たとえば、野宿者／ホームレス問題をめぐっては、今日現に、「路上で生活する権利」の主張と、「公的スペースの私物化禁止」といった「パブリック・コモンズのルール」とのあいだに、容易に和解しえない深刻な対立が存在している。ヘゲモニー分析とは、まさにこうした異なった見解、主張、さらには世界観が対峙する状況において、いかにして環境をめぐる支配の正当性が生みだされているかを明らかにするための方法である。

この論文では、以上のような問題状況を見据えつつ、先の(3)の論点にかかわる大阪空港の「不法占拠」問題を例にとりながら、環境をめぐる支配の正当性が、いかなるヘゲモニー状態のもとで調達されているかを明らかにしていく。そのさい、支配の正当性に直接間接に影響を及ぼしてきた多様な権力の乗り物として、あらかじめ〈言説〉と〈慣習〉を主要な分析装置として概念化しておこう。

じっさい、環境をめぐる支配権を正当化するために、これまで多く援用されてきたのが、〈当事者＝生活者の慣習〉と〈環境保全にかんする言説〉であったといえる。しかしながら、私の見地からすれば、〈慣習〉は、構造的差別の起源を忘却させることによって、また、〈環境保全の言説〉は、現に存在する構造的差別を隠蔽することによって、いずれも、多くの場合（ということは、必ずしも「つねに」ではないが）、上記のようなマイノリティの権利を否定する側に与してきた側面をもつからである。

2 大阪国際空港「不法占拠」問題と集団移転施策

「環境をめぐる支配」への異議申し立て

JR伊丹駅から北東へ向かって猪名川を渡り神津地区を抜けると、林立する巨大な航空燃料タンクの偉容が、フェンス越しに立ち現れる。タンク群を右手に見つつ、道路がかつての堤防上にさしかかると、とたんに道幅はそれまでの半分以下に狭まる。車がすれ違うのもやっとの尾根道のような道路をはさんで、そこから三百メートルにわたって、旧河川敷等のわずかな低地に肩を寄せ合うように多数の民家、そしてリサイクル業や土木業に従事する事業所が密集する地帯が続く。

その集落が、大阪空港用地（国有地）内に位置するがゆえに、ここ半世紀にわたっていわゆる「不法占拠」地区と見なされてきたN（約一六〇世帯、四百人、五〇事業所）である。四年前（二〇〇一（平成一三）年）このN地区に、集団移転の話がもち上がり、二〇〇九（平成二一）年を目途として、すでに具体的な移転手続きが開始されている(8)。

ほかの「不法占拠」地区にたいしてこれまで行政によってなされてきたさまざまな対応（行政代執行による強制移転／強制的な自主退去等）と比べてみた場合(9)、このたびN地区で計画されている集団移転は、当事者間の合意のもとに、建物や営業にたいして国から適当な移転補償がなされる点で、住民や事業者にとって必ずしも悪い条件ではない、というよりも、むしろこれ以上は望みようのない好条件だったと言わざるをえない。

にもかかわらず、行政による移転の意向調査や私たちの聞き取り調査によると、住民の多くが、できるなら移転せずに現在の場所で生活し続けたいと考えているという結果が出ている。つまり、自治会としては移転に同意したけれども、そこには、彼らがしばしば口にするように、国有地に住んでいるという負い目が深く影響していたのだった。

空港の間近（騒防法にいう第二種、および第三種区域）⑽で、なんの防音対策もなしに、四〇年のあいだ離発着時の航空機の轟音にさらされ続け、いまだに下水道も整備されておらず、また、上水道にしても共同水道を各戸が勝手に引き入れているような現状にあるN地区の人たちにたいして、今回の集団移転の措置が消極的にしか受け入れられなかった、という事実。その背景には、過去半世紀以上にわたる「不法占拠」問題の歴史が横たわっている。また、言い方を変えれば、住民側のそうした消極的な対応のなかには、⑴「不法占拠」の定義、⑵騒防法の運用、⑶集団移転を用いた施策等について、国や自治体の主導のもとになされる「環境をめぐる支配」のあり方にたいする、ある種の異議申し立てがこめられていたように思う。

たしかに、集団移転にかんする「確認書」が、国交省・兵庫県・伊丹市によって構成される「N地区整備協議会」と、N地区自治会とのあいだで交わされている。だが、この合意の背後に、容易に繕えない幾筋もの深い亀裂が走っていることを見逃してはならないだろう。この報告では、上述の三つの視点から、こうした亀裂を生みだした社会的・歴史的要因としての構造的差別の存在を明らかにしていきたい。

「不法占拠」の定義と〈歴史的なもの〉

今回のケースで、国と自治体は、次項で見るように騒防法の便宜的な活用によって、「不法占拠」地区の住民にたいして移転補償を可能にするというアクロバットを演じてみせた。このだれもが不可能と判断した補償を可能にしてみせた行政手腕にたいしては、私自身も感動すら覚えたことを告白しておきたい。

だが、現時点の居住者や事業者にたいして一律の基準で移転補償を行うという、「不法占拠」状態の解消を成功させるうえでもっとも核となる考え方が、じつは〈歴史的なもの〉の忘却のうえに成り立っている点を指摘しておかねばならない。一律の基準の適用により忘却されたもの、それは、〈なぜ、「不法占拠」状態が生みだされたのか?〉という問いそのものにほかならない。

現空港の前身、「大阪第二飛行場」の建設が開始されたのは一九三六(昭和一一)年のこと。一九四〇―四四(昭和一五―一九)年まで続いた拡張工事の期間も含めて、この時期、N地区に設けられた飯場だけでも四百人にのぼる朝鮮人労働者が働いていたという。当時の様子については、N地区の住民による、次のような証言が残っている。

「ほんまに、その当時は、大変じゃった。いまみたいに機械もない時代やったから、明けても暮れてもトロ(トロッコ)押しでしたわ。一合二勺のトロいうたら一番大きいやつで、それも一台ずつやのうて何台もつないで押しましたよ。夕方になったらもうえろうて、その場で倒れそうでしたよ」。

「日本人の監督が十メートルおきに立って、倒れる者を足でけった。馬でもあんな扱いは受けんですよ。腹へっているのを我慢して、涙流しながら、重いトロッコ押しました」(11)。

そして、敗戦後の混乱期、一部の労働者はそのまま飯場に残り、また飯場の空部屋には、疎開先からさまざまなツテを頼りに仕事を求めてやってきた朝鮮の人たちが住み着いていった。彼らのなかには、敗戦の翌月に米軍に接収されて伊丹ベース(航空基地)となった空港の整備や、さらなる空港拡張の作業に従事した人たちも多くいた。

ここで重要なのは、その後、一九五八（昭和三三）年に基地が返還されるまでの一三年間、Ｎ地区は、空港とともに米軍に管理されており、したがって、国の管理下から脱していた事実である。そして、返還から五年後の一九六三（昭和三八）年に「大阪空港不法占拠対策委員会」が国（大阪空港事務所）によって設置されるまでに、Ｎ地区の人口は増え続け、一九六五年の国勢調査では、すでに二百世帯九百人近くに達した。

返還以降この間、国が住民にたいして具体的に行ったことといえば、火災で家屋が焼失したさいにフェンスを張って建築禁止の立て札を立てたり、被災者に口頭で立ち退きを求める程度のことにとどまり、「対策委員会」もさしたる実効ある処置をとれずにいた。

さらに国は、一九七一（昭和四六）年に「Ｎ地区対策委員会」を開催するが、「不法占拠」問題の抜本的な解決にいたるまでには、まだ三〇年近くを待たなければならなかった。

このような経緯を簡単に振り返ってみるだけでも、問題解決を遅らせてきた国の長年にわたる不作為は明かだろう。しかし、それだけではない。戦前・戦中に飛行場の建設・拡張に従事した人たち、あるいは米軍の管理下で空港の整備に携わった人たちとその子孫は、そもそも「不法占拠」者といえるのだろうか。さらにまた、戦後の混乱期や米軍接収期に住み始めた人たちは、いつから「不法占拠」者になったのだろうか。このように歴史をたどりなおしてみると、じつは、「不法」の根拠というのは案外曖昧であることに気づかされる(12)。

しかし、いまとなっては、こうした「不法」の根拠をあらためて問いなおすことも遅きに失した感があるし、さらには「一世の方たちが、大半まだここに残っておりましたら『ノー』です。立ち退かない、と。お前ら勝手に空港建設に連れてきて、飯場をつくってここに住まわせといて、いまさら出て行けとは何事や、というかたちになりますから」という住民の声を政策に反映させる余地は、まったく残されていない。

騒防法の運用をめぐって

本来、空港用地以外の地域に適用される騒防法を、N地区に適用するために、まずはN地区を空港用地からはずすというトリッキーな措置が行政的になされた。このことに端的に象徴されているように、騒防法の適用は、集団移転施策を正当化するための方便として便法的に利用された側面が強い。

ただ、「便法」とはいえ、「不法状態にいる住民の移転にたいして、国費による補償などできない」という姿勢を長きにわたって固守してきた国にたいして、現行の法体制のなかで住民への補償を可能にする切り札として編みだされた騒防法の適用自体は、きわめて重要な意義をもっていたといわざるをえない。

じっさい、そのあたりの機微については、この集団移転および移転補償問題にたいして、伊丹市において精力的に取り組んできたある行政マンの次のような発言が、よく伝えている。

「(N地区周辺の) 環境整備、これは行政用語で、できるだけ多くの人の支持を得るために便法上、使っとったんです。いわゆる一一市協 (「大阪国際空港騒音対策協議会」) の応援も必要である、また市民の応援も必要でありますよ、またマスコミ等を含めて支持をいただくためには、環境整備という言葉は一番きれいな言葉で……」

つまり、このたびの集団移転を行う名目は、あくまでN地区の騒音対策であって、移転のための補償等のさまざまな諸経費も、騒防法にのっとり国が支出する環境対策費からまかなわれることになっているのである。

ただ、私が気になるのは、まさに、この「環境整備という言葉のきれいさ」である。N地区の住民は、(国有地に住んでいるという事情から) 一九七三年に組織された大阪空港公害調停団にも参加をさし控えてきたため、近隣一帯で行われた民家の防音工事への助成も受けられず、結局、三〇年以上にわたり、騒音対策というものをまったく享受してこなかった人たちである。そして、今回の集団移転先というのも、空港から隔たった他地域への移転案がことごとく潰えた結果、現住地に隣接した、騒音面でいえばさして現在と変わらない土地とならざるをえなかった、という現実も無視できない。

にもかかわらず、今回の騒防法の適用では、そうした事実関係はまったく考慮に入れられていない（つまり、これまで騒音対策がなされてこなかった事実や、その点についての国側の責任が消去されてしまう）のみならず、こうした「環境整備」という言説のもつ説得力の前に、在日問題（たとえば、Ｎ地区の集団移転先の候補地が、ことごとく近隣住民の反対運動によって潰えてしまったという事実）を巧妙に押し隠す役割まで担わされてしまったといえる。

そして、まことに奇妙なことに、「大阪国際空港騒音対策協議会」（一一市協）あるいは「Ｎ地区整備協議会」において、これまでＮ地区住民が苦しんできた騒音問題について正面から議論された形跡は、これまでのところまったくない。こうした状況のうちに、私たちは「環境をめぐる支配」の巧妙な仕掛けの一端を見いだすことができるのである。

集団移転という施策について

Ｎ地区住民は、当該地において、戦後を通じ、土地の（インフォーマルな）権利売買、地域自治会の結成、お地蔵さんの祭祀などによって、独自の生活規範を生みだしている。つまり、一方では、「不法占拠」状態を存続させてきたことにたいする国の作為および不作為の責任が存在し、他方では、Ｎ地区住民による地区内の土地に対する多年にわたる継続的な働きかけ（による「共同占有権」の発生）という事実が存在する。

これらの経緯をもって、Ｎ地区における「生活実践にもとづく『正義』」すなわち「生きられた法」の存在を指摘し、N地区での住民生活を「不法」と見なす国法と対峙させる金菱清の議論は、十分に傾聴に値するように思われる（金菱 二〇〇一、二〇〇八）。

ただ、それでも依然問題として残るのは、N地区の「生きられた法」と、N地区の近隣の諸地区や移転候補先の諸地区における「生きられた法」との関係性をどのようにとらえるかという点である。集団移転候補地の転変、すなわち移転先の住民からの拒絶といった事態に典型的に見てとれるのは、「共同占有権」が本質的にもつ他者にたいする排除の論理であって、おそらくこの点にかんする限り、N地区住民に、当該地での継続的な生活を認めず集団移転を求める国法の論理と、それほど違わないように思われる。

こうした状況に鑑みて、私がとくに注目したいのは、金菱が、N地区の「生きられた法」に、あえて「正義」を見ようとしている点である。

もしも、環境利用をめぐって慣習的働きかけが行われている共同体や地域において形成される「共同占有権」を、たんに慣習的な働きかけが存在したという理由のみによって正当化できるのであれば、それらを比較して、どちらの「共同占有権」に「正義」があるかなどと考察する必要はないはずである。すなわち極論すれば、仮定により、いかなる「共同占有権」も「正義」なのであって、その場合は、逆説的なことに、もはや「正義」という言葉は、（少なくともほかの共同体や地域にたいして）なんの意味もなさなくなってしまうだろう。

にもかかわらず、あえて「正義」という意味づけが要請されるとすれば、それは、上記の仮定だけでは、「共同占有権」を正当化するには十分ではないと判断されたからではないか。

では、「共同占有権」を正当化（ないし反―正当化）する〈慣習的働きかけ以外の〉ほかの要因とはなにか。その要因こそ、すでにたびたび言及してきた〈環境利用における他者の排除〉の論理にほかならないだろう。

つまり、この場合、N地区やほかの諸地区における「共同占有権」は、たんなる慣習的働きかけの有無だけではなしに、その働きかけが、他者にたいするどのような排除や包摂を含んでいたかという具体的プロセスとの関連において、正当化されたり、されなかったりする、ということである。これを、より一般的な言明に言いかえるならば、〈他者にたいする〉排除や包摂を含んだ慣習的働きかけが「正義」であるかどうかを規定する要因、それがほかならぬ〈歴史的なもの〉であることを、この事例は端的に示している。

国が推進する集団移転という施策。それにたいして、心から賛成の意を示すわけでもなく、だからといって、表立って反対の意志を表明するわけでもない現地の人びと。「（移転には）賛成。反対してもしゃあない」というある男性の台詞が、住民の複雑な胸のうちをよく表している。

彼らは、抵抗しない。というよりも、抵抗したくても抵抗できないように、さまざまな要因によってがんじがらめに縛られてしまっている。彼らが、現住地に住み続ける権利を主張しようとすれば、それは、概観したように植民地時代から今日にいたるまでの、百年にわたる歴史に依拠する以外にはないだろう。

ところが、「現時点での居住者や事業者にたいして一律の基準で移転補償を行う」という国の発想は、まさしく、慣習的な働きかけという事実を前面に出すことによって、あたかも〈歴史的なもの〉すなわち在日問題の忘却こそを望んでいるかのようだ。

３　「環境をめぐる支配」のヘゲモニー分析

正当性の論理と構造的差別の芽

集団移転施策を用いた「不法占拠」状態の解消という方策にたいする、上記のような一連の分析は、「環境をめぐる支配」がいかなるヘゲモニー状況のもとで成し遂げられたかを鮮明に教えてくれる。

第一には、今回の集団移転が、長年にわたる国の不作為、行政マンの個性と熱意、在日一世たちの死去、移転先の存在、関西空港の二期工事再開に伴う大阪空港の格下げ、等々といった、諸事象の偶然性に依存していたことが指摘できる。極言すれば、これら偶然的要因のひとつでも欠ければ、集団移転は実現しなかったとさえいいうる。

第二に、「N地区の環境整備」という言説が、地元やマスコミをはじめ広範な支持を得るために意図的・戦略的に用いられ、それが現に功を奏したという事実である。またその際、現実にN地区で生活が営まれていること（生活の持続＝慣習化）が、移転補償を行うさらなる正当性の根拠とされていた。

しかしながら、第三に、こうした経緯のなかで、航空機騒音問題というN地区におけるもっとも切実な環境問題が完全に忘れ去られてきたとともに、在日の人たちがたどってきた個々の歴史についても顧みられることはなかった。

私たちは、こうしてN地区の「環境をめぐる支配」が、N地区の環境問題や歴史を捨象することによって成し遂げられてきたことを目のあたりにしたわけだが、重要なのは、ここで便宜的に活用された〈環境の言説〉や〈生活＝慣習〉への言及が、他方では、「不法占拠」を理由にN地区の人たちを襲いかねなかった強制排除・強制移転といった事態を回避させ、十分な移転補償さえ可能にしている、という点である。

このように、住民の幸福を願って集団移転施策を推進した当事者が、意図せずに引き起こしてしまっている今回のような差別のことを、私は構造的差別と呼ぶ。こうした観点によって明らかになるのは、「環境をめぐる支配」の正当性が、往々にして、その正当性の論理の内部に構造的差別の芽を胚胎させている点である(13)。

〈慣習のヘゲモニー〉の解明へ

さて、本論文の結論は、「環境的正義」の論理のなかに差別が胚胎している可能性を指摘するところにあった。このことは、「環境的正義」論が、ときとして、あまりに「正しすぎる」ように思われ、いかがわしくさえ感じられる理由の説明となろう。

「環境的正義」論がしばしば依拠する（生活）慣習は、たしかに、あるときには住民の「正義」を体現してきたが、またあるときには他者、ないし境界的メンバーの排除に加担してきたのでもあった。この二面性は、そのまま「共同占有権」の論理にもあてはまるはずだ。

「共同占有権」とは、そもそもは、耕作者による持続的（慣習的）働きかけが、土地の使用権を生みだすという考え方にもとづいており、「耕作権」とか「本源的所有（共同体的所有）」などとも呼ばれる（鳥越 一九九七a 五九頁）。こうした考え方は、一方では、山林・原野・河川岸・海岸などの共同利用権を正当化する根拠として重要な意義をもつが、他方では、耕作しない人たち（たとえば、狩猟採集によって生活を組み立ててきた先住民）や、土地にたいして働きかけさえできない人たち（たとえば、重度身体障害者）を排除する側面をもつことを否定できない。

それだけではない。最初に見ておいたように、「共同占有権」のある種の体現である入会慣行は、村や共同体内の権力関係を反映することによって、被差別民や一戸前でないメンバーを山林や原野の対等的な利用から排除するひとつの装置を形づくっていたといわねばならない。にもかかわらず、生活環境主義はこれまで「共同占有権」のそうした二つの側面のうち、つねに半面しか見てこなかったのではないか。そしてそれが、「人びとの心はわかる」「住民の立場に立つ」「生活者の環境破壊を認める」といった断定的な宣言を可能にしたといえる。

こうした〈他者認識〉に見られる一面性の原因を、私は、序論で指摘したような研究者視点と当事者視点とを重ねたことによって、マイノリティをはじめとする多様な当事者の抱く表象を十分に理論に組み込めなかったことにくわえて、生活環境主義の議論の多くが、〈演繹的方法〉に依拠していることに見いだす。意外に思われるかもしれないが、これまで見てきた生活環境主義における主要な理論、すなわち「共同占有権」論や「弱者生活権」論（や

「抵抗」論）等は、じつは経験的な理論構成から遠い理論なのである。だからこそ、近世から、近代そして現代にいたるまで、無数に存在していたはずの村落での〈環境利用における他者の排除〉の諸事例を容易に議論からネグレクトすることができたのだろう。

演繹理論のもつ特徴は、経験的なデータによっては反論も批判もされえないし、また、修正されることもないという点である。そうした演繹理論の安定性は、理論的前提からはずれたデータをネグレクトし、理論に合致するデータのみが収集されることによってもたらされる。その結果、慣習のもつ〈訳のわからなさ〉〈おぞましさ〉〈おどろおどろしさ〉が捨象されて、「飼い慣らされて」しまったように思うのは、私だけだろうか。

こうした感想は、そのほかのコモンズ論についても同様である。私は、これまで目にしたコモンズ研究のなかで、〈環境利用における他者の排除〉にかんする事例が報告されたり分析されたケースにめぐりあうことは、きわめて少なかったように思う。もちろん、資源利用をめぐって排除や差別という現象が存在しないのであれば、それは、ほんとうに喜ばしい事態である(14)。しかしながら、もしも、そうした現象が存在しながら、なんらかの理由によって記述から洩れ落ちてきたのだとしたら、どうだろう。

私が、どうしても後者のように推測してしまうのは、部落差別という慣習ないし慣行を念頭においているからである。たしかに、この問題は、記述をするうえで、多くの困難が伴う領域ではある。しかし、だからといって、それにまったく触れずに、フィールドのなかからきれいな所だけをすくいとってきて良いものだろうか。もしも、直接記述できない場合には、仄めかしでもよいから触れておくべきではないだろうか。ともかく、こうした理由から、私が今後のコモンズ研究に期待するのは、むしろ現地の慣習のもつ〈訳のわからなさ〉とのねばり強い〈対話〉からのみ得られるはずの、〈慣習のヘゲモニー〉にかんする新しい歴史的社会理論の生成なのである(15)。

注

（1）滋賀県北部の被差別部落での聞き取りをもとに桜井厚は、「柴盗み」について報告したさいに、「『しばし』と呼ばれたこの仕事は、松葉をかごに集めたり、枯れ枝、割木を束にして背負う毎日の『えらい』仕事だった。しかも、女たちが『しばし』をした山は、よそのむらの山、他人の持ち山だった」とし、「『その当時は山へ柴を盗みに行ったんや。それを怒られて』」という女性の言葉を紹介している（桜井　一九九六　四九頁）。

（2）井上真は、コモンズの機能にたいする評価基準として「民主的社会秩序の維持」をあげて、その評価指標として「ルールが地域に適合的」「メンバーが規制を修正できる」「モニタリングの存在」「階層化された制裁」「紛争の回避・解決メカニズム」「自治の権利」をあげる（井上　二〇〇一　一八頁）が、こうした指標のなかには「差別や排除をチェックする機能」までは入っていないように思われる。ちなみに、「差別や排除」の一部は「紛争」を引き起こすけれども、多くの制度化された「差別」は「紛争」にはなりにくいといえる。

（3）こうした権利については、嘉田（二〇〇一　二一〇頁）、古川（二〇〇四　一一一頁）にも、同様な記述を見ることができる。

（4）具体的な例としては、たとえば『京都の部落史2　近現代』には、次のような明治初年の保津村における共有林争論についての記述が見える。「（明治九年の争論における約定書は文化年間に決められた内容を）再確認したものであったが、認められた一戸あたりの部落の専用地は五苗と呼ばれる同村の支配層の場合の数分の一にしかあたらなかった。しかも本村側は、明治一五年一月、部落側に分配されていたその専用地をさらに縮小して、それ以外の土地への立ち入りを禁止した」（京都部落史研究所　一九九一　五四頁）。

（5）調査過程における研究者と被調査者とのあいだの〈対話〉については、三浦（二〇〇四）を参照のこと。

（6）「構造的差別」概念については、本書第3章および三浦編（二〇〇六）を参照。

（7）ここでは、アントニオ・グラムシのヘゲモニー概念（これについては、松田　二〇〇七、二〇〇三、片桐・黒沢編一九九三を参照）を社会史研究に適用したカルロ・ギンズブルグのヘゲモニー論に主として依拠している。くわしくは、三浦(一九八七)を参照のこと。

(8)移転直前のN地区の様子については、三浦(二〇〇六)を参照のこと。なお、二〇〇九年三月の段階で、隣接する土地に立てられた市営住宅への移転はほぼ完了している。また、N地区の跡地もすでに更地となっており、今後は緑地帯として整備される予定である。

(9)たとえば、猪名川と平行して流れる武庫川の河川敷における「不法占拠」地域にたいして、兵庫県は、一九六一(昭和三六)年に警察官を投入して行政代執行を行い、最終的に六百世帯、二千人を越える人びとを強制的に立ち退かせている。この事件については、飛田(一九八七)を参照のこと。また、飛行場建設との関連では、三里塚のケースが想起されよう。

(10)「公共用飛行場周辺における航空機騒音による障害の防止等に関する法律」(騒防法)によると、「第二種区域」とは、騒音が特に激しいために、当該地の建物の移転や除却にたいして国が補償することが定められた地域であり、「第三種区域」とは、もっとも空港に近く、緑地帯などの緩衝地帯として整備することが定められた地域のことである。なお、N地区は空港内に位置するために、二〇〇三年までこの法律の適用外となっていた。

(11)この二つの証言は、いずれも一九一五年生まれの同一人物のものである。前半は、鄭鴻永(一九八五 一二二頁)に収録されており、後半は、『朝日新聞』の記事「飛行場拡張への涙の土木作業」(一九九三(平成五)年三月三一日付兵庫地方版)に掲載されている。

(12)さらに、私たちの共同調査によると、N地区のなかのある一帯は、戦後のある時点まで民地のまま残っており、住民が住み始めた後に、国がその土地を買い上げていたことも明らかになってきた。こうした点からすれば、「不法占拠」のある部分は、あとから構築されたともいえよう(この点については、金菱 二〇〇八 にくわしい)。

(13)なお、構造的差別という発想と類似した「環境差別」(細川 二〇〇一)という考え方との相違をあえてあげるなら、構造的差別概念の特徴は、それらが起こる原因から「(当事者の)認識の低さ」といった説明を取り払った点にある。これは、みずからが、〈啓発の言説〉から限りなく遠く離れようとする意志によるものである。

(14) さらに、もしも、そうした資源利用をめぐる排除や差別という問題が、住民や行政等の対応によって回避された事例があるのであれば、その点にかんする報告も、ぜひとも行っていただきたいと思う。

(15) こうした私の主張にたいして、安部（二〇〇六）は、「環境問題の政治過程論」を呈示しつつ、「アクター間の相互作用の具体的な変化のプロセス」に着目することによって、「先住者の共同的な環境管理の復権とそれによって排除される移住者の生活という相反する二つの『正義』を並立させるような『正統性』のカップリング」を探求しようとしており、大変興味深かった。

第7章　被差別部落で聞く

1　調査を断られるとき

「それを聞いてから、どうしたいの？」

いま（一九九八年）から六年ほど前のこと。部落問題に取り組もうとしていた高校や大学の教員たちが声をかけあって、被差別部落で「生活文化史調査」を行うことになった(1)。場所の選定については、滋賀県内ならどこでもよいということで、とりあえず、県北から始めようということになり、私たちは一路、琵琶湖の北端近い木之本町へと向かった。

調査地が未定というだけではなかった。さらに、調査結果がどのようなものになるかさえ、そのときの私には、はっきりいって見当もつかなかった。よくもまぁ、そんないいかげんなことで、と笑われるかもしれない。とにかく、なにもかもが手探りの状態から始められたのが、私たちの調査だった。いったい私たちは、部落でなにを聞き取ろうとしたのだろうか？

ただひとつ、はっきりしていたのは、被差別の経験に限定した聞き取りは行わないということだった。これまで往々にして、「どんな差別を受けてきましたか?」という問いを中心に聞き取りがなされがちだった。しかし、そうすることによって、結局は、部落に住む人びとを「差別される存在」としてしか見てこなかったのではないかという反省が、私たちのなかにはあった。

そこで、このたびの調査では、むらの生活全般にわたって現在と過去のありようを聞き取るといった、良くいえば包括的、悪くいえばきわめて大雑把な方針で臨むことになった。生活全般と一口に言うのは容易《たやす》いけれど、それにまつわるトピックは、仕事、手伝い、遊び、教育、衣食住、家族といった私的なものから、冠婚葬祭、近所づきあい、相互扶助、解放運動、むら政治といった公的なものにいたるまで、じつに多岐にわたっている。そのために、調査を受ける側としても、こちらの意図や焦点がどこにあるのかをはかりかねて、戸惑うことが多々あったようである。

じっさい、木之本町を皮切りに、これまで県内のいくつかのむらで行った聞き取り調査では最初に、調査に協力してもらうよう依頼を行うたびに、どこでも、

「それで、あんたら、それを聞いてからどうしたいの?」

という問いかけが、むら人からなされてきた。それにたいして私たちも、しどろもどろながら次のように答えて、なんとか調査への了解をとりつけたものだった。

「私たちは部落問題が重要だとはわかっていても、個々の部落やそこに住んでいる人たちについては、ほとんど知らないんですよね。その一方で、部落に住む人については『かわいそう』とか『こわい』という偏ったイメー

ジが流布されてしまっている。そんなイメージをこわしていくためにも、部落のじっさいの生活がどんなものだったか、とくに一人ひとりの具体的な生活史を通して知りたいんです。そして、いま、部落でこんな人が、こんな思いを抱えて差別と向きあっているということを、部落外に住む人たちに伝えていければと思ってるんですけど……」

ともかく、こんなふうにして一番目の木之本での聞き取り調査は始まった。さまざまな出会いを重ねるうちに、次第に地元の人びととの交渉も深まっていき、三年後には報告書もできあがった。しかし、報告書ができあがったあとも、私のなかにはまだ、あのはじめの問いかけにちゃんと答えられていないという悔いの思いがとどこおっていた。

「それで、あんたら、それを聞いてからどうしたいの?」

報告書ができたとして、このあとそれがどんな意味をもってくるのだろう。部落差別をなくすことに、どのようにつなげていけるのか? しかし、いまから思うと、そもそもこうした問いによって問われるものが何なのか、その頃の私には、まったくといっていいほどわかっていなかった。

「どうして、うちの在所だけを調べるん?」

その後、数ヵ所で調査を行うあいだに、調査を拒否されたり、拒否はされないものの聞いたり取材したりした内容の公表を禁じられるといったケースに、一度ならずめぐりあうことになった。

はじめのうちは、なんとかして先方の頑なとも思える拒否の姿勢を変えてもらえないものかと、いろいろと働きかけを試みた。それでも応じてもらえないときには、それまでの何ヵ月かの試みが無駄になったような気がして、はっきりいって落ちこみもした。そんなときには、「このたびの調査は失敗だったなぁ」と、ついつい胸のなかでぼやいていた。

だが、最近になって、そのときのことを思いおこしてみるにつけ、「あれは、ほんとうに失敗だったのだろうか」と考えなおすようになった。そもそも調査の成功とか失敗とかは、たんに結果を報告書の形にまとめられるかどうかの問題ではないはずである。

じっさい、分厚い報告書にまとめられたわりには、読んでいてちっとも面白くない調査というのがよくある。たとえば、事前の計画通り寸分の狂いもなく進められ、あらかじめ呈示されていた仮説が追認されただけといった調査がその一例である。調査者がその過程で、なんの障害にもぶつからず、仮説の修正を迫られる新しい発見もなく、自分自身の調査者としての位置を問われるような経験もない「安泰な」調査ほどつまらないものはない。

たとえ、はっきりと目に見える結果が出せなくとも、なんらかの点で調査者が心の奥底から揺さぶられるような体験にめぐりあえれば、その調査は十分に成功したといえるだろう。その意味では、社会調査においては、本来結果よりもプロセスのほうが重視されるべきなのだ。ところが現実には、このアカデミズムの世界では、結果のみが評価の対象にされる傾向が強い。

さて、こうしてあらためてこの調査拒否という事例に注目してみると、私たちの調査にとってきわめて重要な意味をもつことがわかる。

もちろん一口に調査拒否といっても、その理由には、社会的なものから個人的なものまで、あるいは運動的なものから生活的なものまで、さまざまなレベルのものが混在している。たとえば、よく知られている「寝た子を起こすな」論にしても、運動イデオロギーにもとづくものから、きわめて個人的で生活的な事情によるものまで、じつに多様なかたちで存在している。私が興味をもつのは、調査拒否の理由としてとくに後者の水準が深くかかわっている、次のようなケースである。

「なかなかむつかしいことですね。これみな残るわけですか?」

その女性は、聞き取りの記録が、先々にわたって人びとの眼に触れることを、ひどく懸念していた。そして、被差別部落だけが私たちの聞き取り調査の対象にされていることに、はっきりと異論を唱えた。

「これが、この〇〇町のどの字《あざ》もでしたらね、それぞれに歴史がありますからね、そういうとこ全部、こうやってお調べになれば、ああ、当然のことかなぁと、わたしらも思うけども。なくしよう、なくしようと思いつつ、裏からこういうの残すいうのは、やっぱり何代かあとにも、やっぱこういうこともあったと、知らん子どもがみなこの歴史をおぼえますからね。なんで、となりの＊＊や＊＊を調べんと、部落だけしか調べないのかなぁ。で、私としてはそういうこと反対です」

「うちの孫でも知りませんよ」

たしかに、こうした批判にも一理ある。というのも部落問題を解決しようとする調査であれば、差別を行っている周辺のむらむらも調査するべきだという主張は、それなりにもっともな面をもっている。なぜなら、部落差別は、被差別部落と周辺の町やむらとの関係性のなかで生ずるものだからである。にもかかわらず、私たちがあえて対象を部落に限定して聞き取りを行おうとした理由については、あとの節で明らかになるだろう。だが、この女性にこんな勢いこんだ姿勢をとらせたのは、以上のような原則論ではなしに、自分の家族をおもんぱかってのことだった。さらに続けて、彼女はこう述べていた。

「うちの孫でも知りませんよ、都会に暮らしてると。こういう（部落にかんする）ことでも、学校で聞いてきて涼しい顔して喋ってますもん。喋ってても、知らん子に、親は知らすことはないからね。ほしてあんた、うちは、このむら、部落いうこと嫁に言うてませんし、嫁も知りません。息子は知ってても、それを言う必要もないし、嫁は知りませんから。まして、子ども（孫）知りません、ね。で、こういう、おかしな、アンケートの、こういうのにも残すのおかしいなぁ、と思ってね……」

聞き取りの記録を残すのは、むらが部落であると公けに告げるに等しい行為である。調査に協力したばっかりに、これまで知らずにすんでいた嫁や孫たちに、ここが部落だと知られてしまっては元も子もなくなってしまう……。こんな切実な思いが、聞いているこちらにも、ひしひしと伝わってきた。

これは、運動イデオロギーとしての「寝た子を起こすな」論（部落の存在を知らない者に、わざわざ部落のことを教える必要はないとする、いわば部落差別の自然消滅論に立った考え方）とは、まったく次元を異にしている。それどころか、部落差別の根深さを知りぬいているがゆえの、せっぱつまってなされた渾身の抵抗とさえ感じられた。

そのときの彼女の気持ちを私なりに推測すれば、ただでさえ部落差別に身をさらしているというのに、調査に協力することによって、なぜまた自分たちがさらなる被害者にならなければならないのか、という割り切れない思いがあったのではないかと思う。

じつは、彼女のこの直観的な疑いは、私たちの調査が抱えている根本的な矛盾をするどく突いていた。その矛盾とは、私たちが「部落」というカテゴリーを用いてしか部落差別を研究することができないという、この一点にかかわっている。もちろん、研究をすることによって、「部落」から被差別のイメージを拭い去るのが最終目標である。しかし、そうした状態が到来するまでは、「部落」について調べたり公表したりすることが、「部落」に住む人びとにたいして被差別者（「部落民」）というネガティブ・アイデンティティを押しつける側面をときにもってしまうのは、どうにも避けようがないことなのだった。

このように考えてきて、私は、先にあげた「それを聞いてから、どうしたいの？」という問いかけに含まれていた真意を、はじめて十分に理解できたように思ったのである。それは、こういうことではなかろうか。

「わしらは、あんたらの調査に応ずるだけで、すでに少なからぬリスクを背負いこんでいるわけやで。それでもあえて調査をしようとする以上は、わしらのリスクに拮抗するだけの成果があるということなんやろうな」

もちろん、これが調査を始める前だったら、たとえ質問の意図がわかっていても、とても答えられなかっただろう。しかし、報告書を出してしまったいま、私たちは、この問いにたいして、正面から応える義務があるはずだ。

２　聞き取り調査が生みだすもの

「部落」イメージの解体と刷新をめざして

〈本を読む前には、どんな悲しい話がのっているんだろうと思っていましたが、読み進むにつれて、部落についての本だということも忘れて、田舎の農村の風景について書かれたものを読んでいる気がしました。これでは他の農村と変わらないじゃないか……〉(2)。

これは、私たちが、木之本での調査をもとに刊行した『語りのちから』(3)にたいする学生の感想の一部である。ちなみに、その書を構成する八つの章の表題は、次のようであった。「幻影のなかの『部落』」「むらの日常」「祝祭のとき」「文化としての行商」「子どもと暮らし」「愉しみの表情」「哀しみのすがた」「移り変わるむら」。

じっさい、第１章はともかくとして、第２章以降に書かれている内容はといえば、水汲み・葉掻き・藁打ちといった子どもの手伝いに始まり、奉公、結婚、出産、草履作り、行商などからなる女性の生活史、あるいは食卓に煎り豆入りのお粥や茹でたタニシ、モロコの煮つけなどが乗る食生活、もらい水や共同井戸での井戸端会議、川での洗濯、共同風呂などの水をめぐる環境、そして盛大な餅つきが行われる氏神祭り……。

「悲しい話」に象徴される、ともすれば差別のむごさやきつさだけを強調しがちだった被差別部落にかんする従来の記述を問いなおすことから、私たちの調査が始まったことはすでに述べた。その意味では、別の学生が書いてきた次のような感想は、じつは本書を著わすにあたって私たちが共通に抱いていた思いでもあった。

「被差別部落の人が差別を受けているという事実は知っているのに、その人びととの生活というのがまったく見えなかったために、私の頭の中で、『部落』は自然に『不思議なところ』になっていた。言ってみれば、私の住む世界とは、まったく別の世界である。部落に住む人は、『差別される人』で、その生活は想像することができなかった。私がこの本を読んで思ったのは、貧しいけれども生活しているんだということである。このように書くと、『生活していない』と思っていたともとれるが、正直言って、そういう部分があった。しかし、このような考えをもつ人は多いのではないだろうか。部落の人は、差別される人で、なにをしているのかはわからない……」

義務教育で何年にもわたり同和教育を受けてきた学生が、こうした心境を吐露せざるをえない現状については、あらためて考えてみなければならない。しかしこれが、学校教育だけの問題でないことも確かである。なぜなら、それは、部落問題にたいする私たちの基本的なスタンスにかかわる事柄だからである。

生活感や個性を取り戻すために

私たちはこれまで、教育や啓発の場で部落問題に言及するとき、部落の場所と名前を特定することをできるだけ避けてきた。それは、部落を名指しすることによって、差別を助長することを恐れたからである。しかしながら、固有名をもたない「部落」は、実際の部落を知らない多くの人びとにとっては、抽象的なカテゴリーでしかない。そして、そうした抽象的な言葉が流布することによって、本来それぞれに異なる生活を営んでいた個々の部落が、十把一からげに「部落」という、具体的な生活の見えない画一的なイメージのなかに押しこめられることになったのである。

部落に住んでいる人びとにかんしても、同じことがいえる。私たちは、「被差別部落に住む人」を、差別される存在という認識を越えて、どれだけ個性的な存在としてイメージできるだろうか、あるいは、してきただろうか。『語りのちから』の編者の一人である桜井厚は、従来の実態調査が、部落に生きる一人ひとりの個人に関心を示してこなかった理由について、次のように述べている。

「（その理由は）調査をする側は、地区が被差別部落かどうか、あるいは聞き取り対象者が被差別部落住民かどうかにつねに関心があるからである。だから、具体的な個性をもった個人は『被差別部落に生きるAさん』と見られるのではなくて、『Aさんという被差別部落民』という枠組みでしか見られていない。このため調査側は、被差別部落住民だから、ひどい差別を経験し、みじめで悲惨な生活をおくってきたにちがいないと思いこみ、そのような事実や経験を中心に探り出し、『みじめで悲惨な部落民像』をつくりだそうとする。その一方で逆に、差別問題に目覚め、差別と闘う『誇りをもった部落民像』も強調されたりもする。しかし、この見方も、その枠組みにとらえられていることにはかわりがない」（反差別国際連帯解放研究所しが編　一九九五　四頁）

これまでの「部落」や「部落住民」のイメージを、根本において書きかえること。そのために私たちが行ったのが、なによりも部落に住む人びとの言葉に耳を傾けることだった。そうして、個々の部落における具体的な生活の姿を描きだすことを通じて、「部落」や「部落住民」のイメージに、あらためて生活感や個性を取り戻すことをめざした。

とはいえ、生活を詳細に描くことによって、部落がほかの農村と変わらないことを示してみせるのが私たちの目的でなかったことも、強調しておかなければならない。むしろ、さまざまな被差別の経験を、そうした生活の深みにおいて理解することこそが、『語りのちから』における私たちの主要な課題だったのである。

差別と向きあう

被差別体験といったとき、どんな内容を思い浮かべるだろうか。おそらく、なんらかの具体的な差別を受けた場合を想像する人が多いだろう。まとまりかけていた縁談が親や親戚の反対でこわれるとか、本籍を理由にして就職をことわられるとか、あるいは、面と向かった相手から言葉や仕草によって侮辱されるとか……。

私たちの聞き取りにおいても、そうしたケースが話に上ったことは事実である。しかしながら、差別について語られたことの圧倒的な部分は、意外にも、もっと日常的な細々とした出来事であり、直接的な被差別体験とは微妙に違ったものだった。それは、部落に生まれたのを意識し始めたときのことを、「ぼつぼつ、なんとなく違うなぁ、と思うようになった」といった言い方で表現されていることにも関連しているにちがいない。

たとえば、小学校でケンカをして廊下に立たされるという、どこにでもありそうな出来事。しかし、「どっちかいうと、いつも立たされてんの、うちのむらのもんばっかしでしたわ」といった割り切れない思いとともに、そうした意識が頭をもたげてくる場合。

あるいは、祭りの日、たまたま自分と同じ柄の晴れ着をきせてもらっていた近隣の子どもが、目の前で、「（部落の人と）一緒の服着てるのがかなん、恥ずかしい、悔しいっちゅって泣きだした」といった経験。そのときでさえ、「差別っていうところまでは、まだ（わからなかった）」と回想されているように、部落に生まれたという意識は、じんわりと、それとなしににじりよってくる。

「さぁ、差別って、とくに受けたことないねぇ」

はじめは、初対面の私たちにたいして、つらい個人的な体験を話すのを避けているとばかり思っていた。しかし、じつは差別についてのこうした語り方こそ、「差別される」という言葉のニュアンスが、私たちと部落に住む人たちとのあいだで決定的に異なることを、はっきりと告げていたのだった。

その違いというのは、第三者的な立場（さらには差別する立場）にとっては、差別とはそのときどきの一回きりの行為でしかないが、差別を受ける側は、そうした差別に、いついかなるときも、さらされ続けていかなければならない、という点にある。この違いが今日、部落問題にたいする基本認識や対応のしかたの大きなギャップを生みだしてきていることが、ここではとくに重要である。その意味で、部落に住む人びとが、日常的に差別とどのように向きあっているか、私たちはもっとくわしく知っておく必要がある。

大正初年生まれの女性がみずからの奉公体験を回想した語りは、差別にたいする細心さと大胆さを合わせもち、状況に応じてどのように機敏に対応したかを、じつに見事に描きだしている。

「わかったらあかんな、わかったらあかんな」

「わたし、十六の（ときから）ずーっと、京都へ奉公してましたもんやさかいなぁ。けどな、つらい、ほんまにつらい、辛抱しましたわ。もし部落ていうのがわかったらなぁ、もう置いてもらえんかと思うてな。（主なる人が滋賀の）高島（郡）の方の、お人どしたんやわ。あのぅ、じきに冗談言うたり、あい（合間）にはな、『いっぺんな、木之本、寄せてもらいたいなぁ』、『いっぺん木之本、寄せてもらいたいなぁ』言うてはりました。ほんで、『ほんなら、来とぅくれやす』、もぅ、わかりゃぁわかったで、あれやで、と思うてな、『来とぅくれやす』って、言うてましたんや。まぁ、来てくれなんだけどな。

ほんで結局な、わたし、あの、二十一の年でしたかなぁ。そこの旦那さんの甥ごになる人どすのやわ、旦那さんの妹の息子さんどしたんやわ。『おい、来てくれるか。うちの甥坊（の嫁）に来てくれるか』言わはった。その話が出たもんやさかい、『こら、わかったら（かなん）』、ほう思うて、母親にこしらえ手紙（書いて）もろうて、親の方からな、『こうやって許婚があるもんやさかい』（いって）断ってもろうたんどすのやわ。けど、そのあいだ、せんどせんど、自分ではなぁ、わかったらあかんな、わかったらあかんな、（奉公に）置いてもろうてるあいだ、一日も、ほれを忘れたことなかったんどすのやわ。自分としては、つろうおしたわな（笑）」

読みようによっては、差別などどこにも起こっていないじゃないか、という感想をもつ人も出てこよう。たしかに、この語りからは、女性が奉公先でとくに差別的な扱いを受けていたように感じられない。むしろ、その存在を認められ、優遇されていたようにさえみえる。では、「知られたら、置いてはもらえない」という懸念は、たんなる強迫観念にすぎなかったのだろうか。いや、そうではないだろう。昭和のはじめという世相を考えあわせるとき、それは、かなり蓋然性の高い推測だったといわざるをえない。

それにしても、「わかったらあかんな、わかったらあかんな」という注意深さと、「わかりゃぁわかったで、あれやで」という思い切りのよさとの共存が、とりわけ印象的である。しかも、ただ注意深いだけではなく、わざわざ親に言って「こしらえ手紙」をよこさせる念入りさには、思わず頭の下がる思いがする。

置いてもらいたい一心というよりも、相手をわざわざ差別させる状況に追いこみたくないという思いやりさえそこには感じられないだろうか。ともかく、この語りの全体からうかがえるのは、この女性の差別にたいする独特な向きあい方である。それは「被差別部落の人」一般に帰することのできない、彼女の人柄をほうふつとさせる、きわめて個性的な対応のしかたであり、ひとつの処世と呼ぶのがふさわしいように思われる。

ここに紹介したのは、私たちが聞き取った語りのほんの一例である。くわしくは、『語りのちから』の各章にゆずるが、この本を書きながら一貫して追求していたこと。それはいまから思えば、奉公先、行商、学校などの場で、否応なく差別と向きあわされて生きてきた人びとがもっている、ときとして差別をやりすごし、あるときは立ち向かい、またあるときは甘受してみせる、それぞれの処世の知恵を具体的な文脈のなかで描きだすことだった。

3　差別と向きあう方法としての聞き取り調査

意識して耳をすます

なぜ、被差別部落で聞くのか？　それはたんに差別の現実を知るためだけではない。部落で話を聞いていると、他者の差別的な行為に出会ったときに、なるほど、そんなふうにふるまうのか、と目を見開かされることがたびたびある。

次のエピソードも、そうしたもののひとつ。

ある会合で出会って、意気投合した二人。最寄りの駅までの道すがら、話はとてもはずんでいた。その女性が木之本から来たと言うと、相手は、木之本に知人がいて自分も行くことがあるのでと、木之本のどこに住んでいるのかをしきりに聞きたがった。そこで彼女は、「＊＊」と部落の地名を口にした。そのとたん、相手の足が急に止まった。そしてその人は、それまでのことがなかったかのように、そそくさと立ち去ったという。こんな体験は、もう慣れっこだという彼女。話し終えてから、「あぁ、その人、びっくりしはったんやなぁ」とポツリと言った。

この感想は、聞き手にとっても、思いもかけないものだった。彼女は自分の受けた傷にこだわるよりは、立ち去った人のなかで生じたことに思いをはせている。差別と向きあうとは、いつふりかかるかしれない差別にいつも身構えの姿勢をとるだけでなく、自分に差別的にふるまった相手の人をおもんぱかることでもあったのだ。

しかし、この「相手の人」とは、いったいだれのことだろう。ある特定の、だれかさんのことなのか？　いや、「相手の人」のなかに、私たちのうちのだれが、いつ入っても、おかしくはないのである。

ここにいたって、私たちが聞き取り調査を行う意味が、あらためて明瞭になってくる。いったい、私たちが差別と向かいあうのは、どのようなときだろう。自分が差別されていると気がついたり、人からあなたは差別をしているといわれたとき、たしかに私たちは差別問題に直面する（または、直面させられる）。しかし、そうした機会は、そうあるわけではないだろう。

だからこそ、私たちは意識して他者の声に耳をすまさなければならないのだ。その声は、日夜、差別と向きあって暮らすシンドさを伝えてくれると同時に、私たちがどのように差別し、あるいは差別に加担しているかという点についても、さまざまなことを教えてくれる。

被差別部落での聞き取り調査は、私たちにとって、被差別部落に住む人びとの思いを理解するだけでなく、自分自身を差別に向きあわせる意味においても、きわめて有効な方法なのである。

注

（1）この調査（「部落生活文化史調査」）は、滋賀県教育委員会からの委託事業として、一九九二年度より反差別国際連帯解放研究所しが、によって行われた。

（2）一九九六年度に関西学院大学社会学部で開講された「人権・差別問題論」の受講者にたいして筆者が実施した小作文より抜粋。

（3）反差別国際連帯解放研究所しが編（一九九五）

第8章　「よそ者」としての解放運動

――湖北における朝野温知《よしとも》の運動の軌跡

1　むらのなかの「オンチさん」

滋賀県の解放運動にかずかずの足跡を残す朝野温知《よしとも》（一九〇六―一九八二）は、後半生を湖北の伊香郡木之本町広瀬で送った。波瀾万丈の生涯のなかでも、家族とともに一地区に腰を落ちつけた広瀬での三七年間は、彼にとって比較的穏やかな時期だったようにみえる。とはいえ、むらでの運動と生活には、余人にはうかがい知ることのできない数多くの困難があったらしい。

じっさい、朝野にたいする声価は、地区内よりも地区外のほうがはるかに高い。彼の履歴を見ると、戦後いち早く滋賀県民主同盟の設立に参加し（一九四六年）、その発展改組として解放委員会を結成（一九四九年）、さらに解放同盟滋賀県連の統制委員長や副委員長を歴任している。また、東本願寺においては、真宗教団の同和問題への取り組みの甘さを、教学内容や地区内寺院住職の立場、さらには宗門の近代化まで立ち入りながらつねに批判し続けた、解放運動の先覚と遇されている。

しかし同時に彼は、戦後まもなくまだ解放運動の根づいていないこの地に指導者として請われて来て以来（当時は浄土真宗大谷派の同和事業駐在員の資格）、数次にわたって区長職を務めるなど、広瀬の解放運動に重要な貢献を行ってきた。

ところが私たちが今回の調査(1)で、戦後の解放運動の思い出を語っていただいたとき、ことが朝野の話となるや、きまって人びとの顔にはためらいの表情が浮かび、その言葉もうって変わって歯切れが悪くなるのだった。そんななかで聞こえてくる故人にかんする風評は、次のようなものだった。

「オンチさんは、わりとワンマンだってね」
「自分がこうやと思うたら、そうせんと気のすまない人」
「むらに世話になっても、ありがたいと思わん」
「この部落の人の半分は（朝野を）良く言うが、半分は悪く言う」

聞き取りを重ねるにつれて、こうした批判が生みだされるきっかけとなった出来事がいくつか浮かびあがってきた。それらは、一度きりの事件というより、契機をなす一連の出来事といったほうがよいのだが、一つめは、同和対策事業特別措置法の施行（一九六九〔昭和四四〕年）に前後するかなり幅広い期間にわたっている。すなわち、内閣同和対策審議会答申（一九六五〔昭和四〇〕年）を受けて、同対法の成立に向けて運動を展開する過程で生じた同対事業のあり方にたいする考え方の相違と、その相違が、じっさいの同対法の施行過程においてむら人と朝野のあいだに生じた根本的な亀裂がそれである。具体的には、広瀬の住宅政策や生活環境の改善事業などがあげられるが、くわしくは次節で見ていくことになろう。

もう一つは、朝野が広瀬に設立した私立保育園（一九五二〔昭和二七〕年〜）をめぐって起きた、むらの有力者・

父母との対立にかかわっている。広瀬保育園の経営や運営について、ここでも両者のあいだの大きな認識のズレが見いだされるのだが、聞き取りのさいに、「朝野は広瀬を食い物にした」という激しい表現をする人もあった。この問題は、〈朝野における運動と生活の倫理〉という側面から、後半の節であらためて考えてみるつもりでいる。

さて、このような批判がある一方で、私たちはそれとはまったく正反対の証言も耳にしている。曰く、

「朝野に師事して、一緒に、ともにやってくれる人がなかったたっていうことなんですね。苦労してくれる人がね」

「最初、むらの子を、一人か二人、オンチさんが教えていったらね、話はもっともっとスムースにいったんでしょうが」

「結局、むらの人は先生のことをよう理解できんかったのや」

これら両極端の朝野評は、どちらもそれなりの真実を含んでいるだろう。それにしても、朝野温知とむら人のあいだには、今日になっても容易に埋めることのできない深い溝、というか、わだかまりが横たわっている。それには両者のあいだに存在する、なんらかの「誤解」が関与しているように思われる。私がここでめざすのは、そうした「誤解」を解きほぐす手がかりとなる事実や考え方を、多少なりとも具体的なかたちで提出することにある。

そのさい「(朝野) 先生が、来はった当時は無欲でよかったんやけど」という、広瀬での境遇や地位の上昇に伴う、朝野自身の側の変節を強調する見方も、もう一度見直そうと思う。それというのも、朝野とむら人のあいだの根源的な溝は、朝野温知が広瀬では終生一貫して「よそ者」であった点にこそ起因していると考えるからである。ただし、ここで言う「よそ者」とは、彼がむらの出でないという意味のよそ者ではなく、むらの生活文化（むら人の意識）からの隔たりの大きさの別名である。

2　むらの気風と同和対策事業

反響

広瀬の同対事業にたいし、朝野が（区長や町議として、あるいは県連との関係で）大きな影響力をもっていたのは、一九六〇年代から七〇年代初頭にかけての時期であった。同対法の施行は一九六九年、同法の成立のために行ってきたそれまでの運動も含め、朝野がこの事業に並々ならぬ熱意で臨んだことは想像にかたくない。朝野の仕事を見守っていた娘さんの語る次のようなエピソードには、事業への着手の早さと反響の大きさがうかがえる。

「最初はあそこ、こんもりした、こう雑草の生えたような山だったんです。もともと（人が）住んでなかったから、一も二もなしで、すっと、あのニコイチ（住宅）が建ったんですわ。ほしたらもう、あそこが滋賀県でもいちばん最初、はじめてできた部落の、（改良）住宅だと。ほでもう、毎日毎日見学者が、もう、どっとこどっとこ、バスで押しかけはりましたわ」

このように、同対事業として朝野が手がけた最初の施策は、全県的に広く注目を浴び、また今日でも、当時の入居者から朝野への感謝の言葉をよく耳にする。しかしながら、私たちが意外に思ったのは、他地区に先がけてニコイチ住宅(2)が建った広瀬にしては、いま現在、目にするニコイチ住宅の数（一〇棟二〇戸）があまりに少ないことである。ここには外部からの反響の大きさと、地区内での需要の低さとのあいだのギャップが感じられる。しかも、こうしたあり方は、たんに住宅施策に限られたものではなく、むしろ、滋賀県と広瀬という二つの場において朝野の仕事へ寄せられた当時の反応を、一般に特徴づけるものだったのである。先に述べた地区内と地区外における朝野の声価の違いも、じつはこの点にかかわっている。

広瀬では、朝野自身が善かれと思って取り組んだ事業でも、彼の事業にかける意気ごみがむら人との関係のなかで空回りしてしまうことが多かったようなのだ。その点を、むらの人たちはいったいどのように見ていたのだろう。たとえば、ある人は、現在ニコイチ住宅が林立している同じ湖北のT町と木之本町の違いを、むら人の感覚、そしてむらの気風から説明している。

「その土地土地の特色があってね、あのやはり指導者の考え方によって、いろんなふうに変わってきますね。で、T（町）に、わたし友だちいるんですけどね。Tはものすごうニコイチ住宅が多いでしょ。国道でも、汽車のきわでも。で、Tはなんでニコイチ住宅を希望するんやと。木之本らは、あそこに十軒ほどあるだけですわね。それは考え方、むらの人の考え方で。Tは、Tのこんだけのむらのなかでね、ニコイチ住宅もらうと場所がものすごう広うなるで、土地を獲得するために、ニコイチ住宅がたくさんできましたわね。あの、家よりも土地の獲得の目的やと思うんや、向こうは。で、木之本の場合は、老人所帯とか返済能力のない人が、持ち家を売って、その金をもってニコイチへ入られた。ほれも、ほんでごくわずかですわ。できたら持ち家制度をっていう、自分で頑張ってしていって、自分の家っていうものを持ちたいと、そういう感覚ね、むらのこの気風ですわね」

この話によれば、地区によってはニコイチ住宅が歓迎される場合もあったわけだから、朝野はたまたま持ち家志向の強い広瀬で改良住宅の整備を試みたのが不運だったということになるのだろうか。しかし、問題の根はもっと深い所にあるように思われる。興味深いのは、むらの気風と指導者の考え方とが相即的にとらえられていた点である。そこで語り手が言わんとしているのは、むらの指導者たる者は、そのむらの気風を把握しないことには、十分な指導力を発揮することはできない、ということではないか。だとすれば、朝野のときはどうだったのだろう。事業を行うにあたって、彼は広瀬というむらの気風をどの程度考慮していたのだろうか。

道路の拡幅事業

朝野が同対事業の三本柱にしていたのは、住宅の整備とともに、上水道の敷設、そして道路の拡幅であった。二番目の上水道の敷設は、むらの以前からの水事情の悪さも手伝って順調に進みはしたものの、道路の拡幅作業の方は、すぐさま暗礁にのり上げた。居住者の立ち退き問題がそれである。再び、娘さんに聞こう。

「ほの昔もここら全部、こう道、あるようでないんです。ムラのなかにリヤカーも持って入れないぐらいの、狭いとこで、草むらのがたがた道だったし、ほて、ちょっと（ムラを出て）いくとこう広いし、こうきれいに整地、いまみたいにアスファルトではないけども、整地された道やのに、ムラのなかは、こう行けない（ような状態でした）。……道路拡張には、まずこの第一線、木之本につつ抜けるこの広い道と、いまのお風呂屋さんのあの道とを、なんとかせなあかんってていうので、この四つの筋をなんとかしようっていうのでしたんですけど、なかなかうまくいかなくってねぇ。ほんで今でも、日吉神社の前の道はまだ、あれだけ、整地されたままで、あのままですわ。もう、もっと広い道が予定だったんですわ。父の図では、あれの倍を。ほんでも、立ち退かなくって、あのままになってるんですけど。結局、立ち退きも反対。もうほこらも全然どいてくれはらなかったたっていう感じですねぇ」

道路の拡幅にさいして立ち退きに応ずるかどうかは、たしかに当事者の利害が絡んでくる。しかし、この問題について私たちが行った聞き取りで出てきたのは、立ち退きの是非にかかわる主張よりも、事業の進め方そのものにたいする疑問であった。

たとえば、朝野は、道路の拡幅やつけかえを行うにあたって、まず先に自分で計画を立てて、あとから住民に諮ることもあったようだ。朝野にたいして投げかけられた「ワンマン」とか「住民無視」、それから「自分がこうやと思うたら、そうせんと気のすまない人」といった批判の一端は、こうした事柄から生じていたように思われる。じっさい、区長職についていたときの朝野をのちに振り返って、「あん人、ちょっと気が短いんでね、うん、もうすぐかんかんになってまうね、かあっとならんとあの人はええんやけど」と言う人もいた。

もとより、こういった事業では、地区内の勢力関係を見越したうえでのある種の強引さは必要であったろう。しかし、注意しておきたいのは、むら人たちが、朝野の「ワンマンさ」を指摘するさいに依拠していたのは、寄り合いや青年会などに代表されるかつてのむらの自治の伝統であったという点である。そしてそれは、先の語りにあった「むらの気風」とも、一脈通ずるものがあるだろう。

それらを朝野がまったく理解していなかったとは思えない。けれども、彼はなんらかの理由で、そうしたむらの伝統や気風にたいして、あえて斜に構えることで（知らないかのようにふるまうことで）暗黙のうちに異を唱えていたようにみえる。それには彼の階級的な考え方が関係していたはずだ。あるいは朝野は、そうした伝統や気風が、むらで生活を送っていくさいに示す奥深い意味合いを、充分にはわかっていなかったのだろうか。いや、むしろ「よそ者」である自分にはそれらの本当の意味合いはどう頑張ってみても理解できないことを、だれよりも朝野自身が一番よく知っていたのではなかったか。だからこそ、彼はいらだち、そのいらだちが「頑固さ」や「気の短さ」となって現れてしまったのではないだろうか。

もちろん、こうした認識はまだ推測の域を一歩も出ていない。この問いに答えるには、敗戦直後の広瀬にまでさかのぼって、その頃のむらのなかに朝野とともに足を踏み入れてみなければならない。

3 蜜月

広瀬へ

朝野温知が広瀬に居を定めたのは、まだ戦後の混乱がおさまらない昭和二一（一九四六）年の秋から二二（一九四七）年春にかけてだった。むらの有力者と東本願寺の武内了温《りょうおん》(3)との縁がもとで、広瀬へ「精神的な指導者」として招かれた朝野は、その時点で、運動と布教のジレンマを抱えこんでしまったといえる。

しかし、運動への熱意あふれる四十代前半の朝野には、さしたるジレンマには感じられなかったようだ。「戦後の解放運動の思い出」のなかで、彼は次のように書いている。

「……私は、成り上がり坊主で、お経もろくに読めなかったし、葬式の儀式も知らないので、地区の要望に応えられないこともあったが、第一そんなことは私の性分に合わなかった。私は自分勝手に部落に住むからには、部落解放運動をする以外に仕事があるはずがないと決め込んでいたので、ほとんど毎日、運動に出歩いていた」（強調引用者。朝野 一九七八＝一九八八（下） 六―七頁）

疑問に思われるのは、地元の要請があってきたにもかかわらず、「自分勝手に」と表現されている点だろう。だがそう書くまでには、朝野の側にもそれなりのいきさつがあったのだ。大谷派の『教化研究』に連載された「部落の保育園長」によると、たしかにむらの有力者からの要請はあったけれども、「この地区からは生活の保証をする条件もつけてもらっていなかった」。さらに「こちらに来るときの条件は、読経をしなくてもよいのなら行きましょうということ」だったという。

また、東本願寺からは社会部嘱託同和事業滋賀県駐在員という辞令が下っていたが、じっさいのところは「東本願寺としても、別に私の仕事に期待や関心を寄せていたわけでもないので、監督もしないかわりに、物心両面に対するなんの援助もしてくれなかった」らしい（朝野　一九七〇　八九頁）。

つまり朝野は、広瀬に徒手空拳でやってきて、たったひとりで居を構えることになったわけだ。ただ、広瀬の住民だけは、そんな新参者の彼にたいして温かい援助を惜しまなかった。すこし長くなるが引用しよう。

「この建物は、以前、分教場として建てられたものであったが、私のくる十数年前（正しくは大正一四（一九二五）年――引用者）本校に合併したあと公会堂として使用され、戦時中は軍事物資の倉庫として転用されたために全然手入れがほどこされていなかった。窓は背丈の二倍くらいあるところに、あかりとり程度のちいさいのがところどころにあるのみであったが、それもガラスが大方割れていたし、天井もなく、壁は方々崩れおちていた。……私がきてから、その裏の方にある六帖二間に手を入れて、床の間や押入れをつくって、畳も入れ、その裏側に消防の屯所につかっていた空小屋を運んできてくっつけて台所をつくってくれた。これだけのものをつくるのにも、戦後の物資のとぼしかった時代としては、住民たちによほどの決意がなかったらできなかったことであろうと思うのである」（強調引用者。朝野　一九七〇ａ　九〇頁）。

そして、このむらの旧公会堂は、「奥行三尺・幅九尺の押入れのようなところに仮設の仏壇をつくって」、あらためて信楽《しんぎょう》会館と命名された。そこを足場にして、朝野は地区内外の運動に奔走する。当時、彼は、滋賀県民主同盟（一九四六〔昭和二一〕年八月結成）の組織部長として、滋賀県内を文字通り走りまわっていた。広瀬においても、招かれてきてまもなく「食糧よこせ闘争」を開始し、食糧デモを組織した。そのときの様子を、彼はこのように書く。

「戦中戦後の食糧不足で、ずいぶんひもじい思いをしてきた人たちの不平不満に火がついたので、それは猛烈に燃えあがった。呼び出された町長は真っ青になって、しどろもどろになり、詰め寄る住民の要求に押されてジャガイモ二十袋と玄米六俵を出すことを約束し、集会場にもぐり込んでいた警官が突きとばされて、ほうほうの体で逃げて帰るという一幕もあって、住民の長い間のうっぷんが火を吹きあげたような熱気が立ちこめていた」（朝野 一九七八＝一九八八（下） 七頁）。

さらに、昭和二二（一九四七）年の六月には、警官の差別暴行事件にたいする広瀬住民による糾弾闘争がもちあがった。これが、いわゆる「木之本署襲撃事件」である。

「……憤慨した住民たちが、その晩、区民大会を開き、その翌早朝、火の見やぐらの警鐘を合図に集合して木之本署までデモを行い、取り巻いたのである。／その時には、すでに警察の方は非番と近隣の各署から三十数名の警官を動員して群衆を追いちらし、白昼ピストルを乱射したことと、話せばおとなしく同行したに違いない者を路上で手錠をかけ、ガンジガラメに縛って連行した行為に対する抗議と、即時釈放を要求するために、署内に入ったKという消防班長と私は、そのまま拘引されて出られなくなった。……翌日釈放されたが、これでおさまらない私たちは、手錠をかけて縛った警部補の免職と、警察官に対する部落問題を認識させる教育を要求して闘いを続けた」（強調引用者。朝野　一九七八＝一九八八　八―九頁）。

もちろん、むらのなかには、彼のこのような行動を好ましく思わない人びともいた。朝野自身、「ことに念仏を喜んでいる年寄たちの期待を裏切り、仏壇にほこりをかぶせてお経読みや葬式に立つことを嫌うことについて非難」を浴びせられているのは重々承知のことだった（朝野　一九七八＝一九八八（下）七頁）。また、先の警官の「差別暴行事件」についても、私たちは聞き取りのなかで、あれは「区民大会」ではなしに、あくまで有志の集まりにすぎず、当時、長老たちは糾弾大会などではなく警察と静かに交渉することを考えていた、という話も聞いている。

朝野は朝野で、「一文の報酬もくれるわけでもないのにきいたふうな小言を並べる世話方と称する老人たちが小癪にさわった」ようで（一九七〇ａ　九三頁）、彼はそうした「頑迷な」長老・有力者たちの存在を、むらでの解放運動のネックと見なしていたにちがいない。のちにおける朝野派と反朝野派の激しい対立の前触れは、こんなところにも見てとれるように思う。

季節託児所

ただ、朝野がこのむらで顔を向けていたのが、そうした有力者たちではなく、貧困層や彼を慕って集ってきた青年たちを含む、そのほかの一般の人たちだったことは、なによりも評価されてよいだろう。そのことをよく示しているのが、朝野が多忙な活動のかたわら、自宅の信楽会館で開いた農繁期の季節託児所である。

「全くの無一文で食べるものがなくなると、心安くなった家にいってありあわせのものを食べさせてもらって飢えをしのいでいた」（朝野　一九七〇ａ　九二頁）。

「シャツでも、ええのだれかにもろうて着てても、自分より悪い服装している人があると、パアッと脱いでやってしまって」満足していた朝野（むら人の回想）。

そんな朝野が開いた託児所だったから、彼はさながら現代の良寛さんのようだったらしい。だから、朝野が広瀬に入って三年目、無理がたたって栄養失調で倒れたときも、「青年たちが村を歩いて米や金を集めてくれ、近所のおばさんたちが食物を運んできてくれたおかげで」彼はなんとか露命をつなぐことができたのである（朝野　一九七〇ａ　九四頁）。あとから振り返ってみると、この時期は、まさに朝野とむら人にとって、ある意味で本当の蜜月であったようにみえる。

というのも、昭和二七（一九五二）年に保育園が児童福祉施設として認可を受け、朝野に私立広瀬保育園の園長兼経営者としての立場が加わると（そして、前節で見たような同対事業が朝野の責任のもとに行われるようになると、なおいっそうのこと）、両者の関係はこじれを見せ始めたからである。それは、表面的には金銭上のトラブルの形態をとって現れる。すなわち、朝野が補助金（や事業費）をみずからの生活費に流用したという憶測が、かなりの信憑性をもってむら人に語られる事態が生じたのである。

しかし私の解釈では、この金銭面でのこじれは、必ずしも問題の本質にかかわるものではなく、多分にむら人の側の「誤解」もあったように見うけられる。この点を明らかにしていくためにも、ここで「よそ者」である朝野とむら人のあいだに横たわる真の亀裂に目を向けたいと思う。それは、朝野とむらの生活文化（むら人の意識）のあいだにある距離としてとらえることができるだろう。

4　むらの生活文化

行商

先に見た食糧よこせ闘争や木之本署襲撃事件にかんする朝野の記述は、いかにも部落大衆の目覚めというにふさわしい生彩を放っている。私たちは、その筆致にすっかり惑わされてしまっていたようだ。聞き取りに入れば、生々しい体験談がぞくぞく出てくると思いこんでいたのである。

ところが予想に反して、そうした思い出がむら人の口からすすんで語られることは数えるほどしかなかった。こちらから誘いをかけて、やっと「そんなこともあったかなぁ」といった答えが返ってくる程度で、当時広瀬にいたはずなのにその事件についてまったく覚えのない人もあった。つまり、食糧よこせ闘争や木之本署襲撃事件の記憶は、このむらでは今日まで生き生きとして語り伝えられるような運動の伝承とはなりえなかったということなのである。こうした記憶の重みづけの相違はいったいなにを意味するのだろうか。その原因はたぶん、当時、広瀬の人びとが生活のなかで求めていたものと、解放運動がめざしたものとの大きなギャップにかかわっている。

そのことを典型的なかたちで示しているのが、戦後の一時期、多くのむら人が携わった行商や担ぎ屋の統制違反にたいする対処のしかたである。たとえば、朝野はそれについて次のように書く。

「実際問題として、生活のためには止むをえない必要悪として、かつぎ屋や繊維品の統制違反が日常的に横行した。かつぎ屋は運ぶ時だけでなく、買い集めるときでも見つかれば食管法違反になるので、絶え間なく米を取り上げられて引っぱられる事件が起こったし、統制違反は、富山・金沢・福井にわたる行動半径の間に起こっている。それらの事件が起こるたびに、私は用心棒のように引っぱり出されて、東奔西走することになった」（強調引用者。朝野 一九七三＝一九八八 一五七頁）

私たちは今回、むらの生業であった行商について、とくに集中して聞き取りを行ってきた。だが、そのさいだれからも、「あのとき（戦後の統制時代）には、朝野先生にお世話になった」という感謝の言葉を聞けなかったのである。それははじめ、ずいぶん意外なことに感じられたが、じつはその事実のなかにこそ、重要な問題が隠されているように思われる。

たとえば、先の引用の「必要悪」とか「横行した」といった表現には、著者である朝野の、当時の担ぎ屋や行商という仕事にたいするマイナスの道徳的評価が、はしなくも現れている。しかもこの文章は、実際の出来事のあった十数年後にかかれているわけだから、その時点でもまだ、彼はみずからの見方になんら疑問をさしはさんでいなかった。それほどまでに、朝野にとってはこうした評価が自明だったのだろう。

だが、じっさいに担ぎ屋や行商で生計を立てていた人たちは、当然ながら、それとはまったく違った感覚と考え方で仕事に当たっていた。二十歳前後の頃に担ぎ屋をした男性は、その経験をこんなふうに語っている。

「担ぎ屋も何年も続いたと思いますよ、はじめは、五升一斗をもって行っとったのが、だんだん組織が大きゅうなって、京都のトンネルを出たとこでバクダンていう、あったですね。いま言うバクダンつうのは、（駅では警察の取り締まりがあるから、着く前に）デッキから、窓からね、こう積んで、ぼおんと投げるんでしょ、（それを待ち受けていた仲間が回収するが）、ほと、投げ方ひとつによって、警察が取り締まっとらんでも、くるくるっーと線路に巻きごまれてばーんと爆発することあるんです、ほと、爆発してしまうと五斗の米がパーなってしまう。

……とにかくその当時は、まだ米が配給であって、米の代わりに砂糖が配給になったときありましたんですよ、その砂糖が京都の方へもってくと相当よい値で売れてね、ちゃんとあるんやわ、向こうの闇ブローカー、七条に、ほんで、その砂糖もってどんどん、京都行ったこと覚えてますしね。……米もね、ほんで、（むらのなかで）買い出しの人と運び屋と、もぅ組んであるんですよ、もぅきちっと、得意先二人行くの決めてしもてね、ほでまぁやってね、で、米ブローカーってのはそうとう長いこと続きましたよ」

こうした語りからは、人と人との緊密なつながり、熟練の積み重ね、そしてさらに固有な生のモラルの予感さえ感じられる。

そのモラルをあえて言葉にすれば、需要と供給にアンバランスのあるところならどこへでも出向いていって、生産者と消費者のあいだの仲介役となるのが、担ぎ屋や行商人である自分たちの務めと同時に権利でもあるとする、そんな生き方だといえるだろう。もともとそこには、政府の統制策を受け入れる余地などあろうはずがなかった。したがって統制をかいくぐるためには、ありとあらゆる知恵がつぎこまれ、また、買い手からどれほどぼろうとも許されたのである。

だから今日、警察の取り締まりから救ってくれた当時の朝野にたいして、むら人から感謝の言葉が一言たりとも出なかったのは、取り締まられること自体に、なんの後ろめたさも感じられなかったからである。しかし、そんなむら人の態度は、先のような道徳的な評価のもとで彼らのために「東奔西走してやっている」朝野からすれば理解しがたいものだったにちがいない。これが、私たちの言う、朝野とむらの生活文化（むら人の意識）との距離なのである。

ところで、行商を生活文化と呼ぶのには十分な根拠がある。いま引用したような人たちも、戦前やはり父親が行商や旅商いに出ており、子どもながらに父親が靴の直しやこま傘の修繕に地方を回る姿を見ていたり、仕入先のわかる荷札や手紙などの書類を大事にするという生活上の知恵を受けついでいた。おそらく、それは祖父母の代にまでさかのぼれるような、田畑や地場産業のないこのむらで生きていくうえで必要不可欠の営みであり、たとえば、戦後のどさくさに突如出現したようにみえる担ぎ屋でさえ、そうした生活文化に基盤をもっていたからこそ、容易に「組織の拡大」が可能だったのだろう。

冠婚葬祭

広瀬の生活文化からの朝野の隔たりは、そのほか冠婚葬祭や博奕などの余暇行事にたいする彼の態度にも見いだされる。たとえば、むらの婚礼風俗にかんして次のように書くとき、彼のまなざしは教育者という立場を越えて、限りなく教化者としての立場に近づいていた。

「そのほかにも保育上好ましくないと思われることを拾いあげてみると、婚礼と映画をあげることができる。私の地区の婚礼は……親類縁者や、近い付き合いの人たちや、花婿の友人たちが集まって、太鼓を叩き、飲めや歌えの賑やかなことであるが、それを近所隣の人たちが見物に行って、やんやとはやしたてるが、その中に子供たちもまぎれこんで、父親などが行っておると、のり巻きなどをもらいながら面白そうに見物している。／感受性の強い子供たちは、そこから年に不相応な流行歌や、いくつかの好ましくない仕草をおぼえる。保育園をはじめた当時などは、何人かの子供たちが車座になって、婚礼ごっこをやり、手を叩きながら酒盛りのまねをやるので、困ったことがあった」（朝野　一九七一ａ　六二頁）。

しかし、考えてみれば、こうしたむらの生活文化にたいする違和は、朝野だけが例外的に抱いたわけでもなかろう。現に私たちも、いま、この風景を目にすれば、彼と同じように眉をひそめるのではないだろうか。結局、この節を通じて確認してきたのは、朝野が入村した当初からすでに、ということは私たちが朝野とむら人の「蜜月」と呼んだその時期からすでに、彼は、むらの人間になりたいと強く願いながらも、むらの生活文化にどうしようもなく違和感を抱いてしまうという、困難な状況を背負っていたのである。

だが、むら人の側からすれば、むらの生活文化にたいする道徳的な介入は、よけいなお世話であり、「よそ者」からの差し出口としか感じられなかったろう。だとすれば、やはりこれは朝野の側の「誤解」であったといわざるをえない。なお、ここで「誤解」というのは、この場合のように、みずからのふるまいが、相手方にまったく別の意味で受けとられているのに、本人が充分に認識や自覚をしていない状態である、としておこう。

したがって、次に問わねばならないのは、そうした「誤解」が、彼のなかのいったいどこからやってきたか、という点だろう。なぜなら、朝野の逢着した苦悩は、まさしく私たち自身の苦悩かもしれないからである。とりあえず、彼のなかの教化者が、「誤解」を抱かせたといえるかもしれない。しかし、事態はもっと複雑であり、それを見きわめるためには朝野の思想形成がなされた大正期から昭和初期へと、さらにさかのぼってみる必要がある。

5　距離

思想遍歴

弱冠十八歳の李壽龍《イスリヨン》、のちの朝野温知が玄界灘をわたって日本にやってきたのは、大正一三（一九二四）年六月のことだった。日本へのあこがれと勉学意欲に胸をふくらませていた十八歳の李青年の門出は、関釜航路の連絡船上で出会った民族差別のせいで、一転して懐疑と煩悶の思想遍歴の始まりとなった。

「ところが、釜山で船に乗るとき、朝鮮人と日本人とは船にあがるデッキが違うし、船室も別であった。しかも下級船員の多くは朝鮮人であったが、それらの連中がきわめて横柄で不親切であり、私服刑事がたくさん乗り込んで、うるさいほどいろいろなことを調べていた。私は、そのうちに朝鮮ではあまり感じなかった民族差別を感じて、たいへんショックを受けた。それから後は、初めての希望とは変わった民族問題が私を苦しめた」(朝野 一九八八(上) 三頁)。

貧乏と「古い朝鮮の因習」を脱して自由な日本で勉強しよう! 「開明的」な植民地教育によって抱かされていた彼の夢は、旅の出掛けであっけなくついえてしまう。その後は、日本の植民地支配の御用新聞であった『京城日報』の東京支局に事務員として勤めるが、「思想問題に悩み、一燈園の西田天香の思想や、親鸞に関する書物や印度のガンジーの思想等に傾倒し、大正一四年の十一月、内鮮融和の問題で支局長とケンカをしてそこをとびだし、無銭旅行をやって京都に行った」という(朝野 一九八八(上) 三頁)。

その京都で、李青年はみずからの将来を決定づける運命的な人物と出会う。東本願寺の武内了温である。当時、社会課長の職にあった武内の寺に引き取られた李青年は、水平社創立まもない活気にあふれる雰囲気のなかにあって、しだいに部落問題と「自分の問題との類似点を感じ、大きな興味をおぼえ」るようになっていく。そして、翌大正一五(一九二六)年六月には、彼は、みずから希望して滋賀県の湖東広野の説教所へ赴いている。武内の導きによって朝野温知が誕生したのは、おそらくこの頃であったと思われる。

朝野の思想的な突破は、この広野での経験を抜きに語ることができない。しかしそれは、真宗の融和事業への疑問と部落にたいする両価的な思い、つまり部落への愛着と部落からの距離感にさいなまれるつらく厳しい体験であったようだ。

「私はその地区ではじめて自分と全く同類の悲憤を抱いて生きている人たちを発見した。私が自分の気持ちをかくすことなく語り、心おきなく親しみを得る人たちは、それまでの人生には見当たらなかった。それをこの人たちのなかに見い出したことはおおきなよろこびであった。しかし、その人たちと私との間には峻厳な歴史の障壁があった。それをどのように乗り越えて行くかということが、その後の約六年間の思想遍歴となった。それはいま思い出しても、ずいぶん苦しい試練であったと思う。そのあげく、私はすべてを捨て、昭和六年の春、この地区の住民になりきるために、家を借りて住みつき、アナーキストとしての社会運動をはじめ、昭和八年、水平社運動に参加した」（強調引用者。朝野　一九七一ｂ　九〇―九一頁）。

ここで言われている「峻厳な歴史の障壁」とはなんだろうか。そのひとつには、彼が真宗の僧侶であったことがかかわっているように思われる。たとえば、別のところで彼はこう書いている。

「部落の寺院……でやっている仕事は融和事業という、つまり部落大衆に対する教化事業であり、思想善導の拠点となっていたのである。僧侶は、そのことによって優遇され、主として、読経と葬式による収入で生活が安定している。ところが、部落大衆は差別と貧乏のためにたいへん荒んでいる。／……荒んだ人たちより一段高いところに立って部落大衆を教化する人たちの助手としての立場にある自分というものに、たいへん良心的な苦しみをおぼえて、いたたまらなくなり、六ヵ月ほどでその部落（広野）を去った……」（朝野　一九八八（上）　五頁）。

こうした「部落大衆」と教化者である「僧侶（の助手）である自分」とのあいだにある距離の自覚は、彼の思想形成にとって決定的に重要であった。なぜなら彼は、その後六年をかけて、「現実の寺院の矛盾と、真宗教学の骨子である『業』の思想、『因果観』・『末法』思想等が時代錯誤的な教理である」という認識に達することになるからである（朝野 一九八八（上） 六頁）。だが、その時点で自覚された「部落大衆」との距離は、後年、朝野が実際に遭遇することになるむら人との距離に比べれば、まだまだ観念的なものでしかなかった。というのも当時の朝野は「すべてを捨てれば」、すなわち僧職から離脱しさえすれば「この地区の住民になりきれる」と考えていたようにみえるからである。

そして、一九三二、三（昭和七、八）年に「寺を出て、村の中に空き家を借りて村の人たちのやっている生活のなかにとびこむ」と、朝野は「自由労働」、たとえばある時は、「能登川の、俗にカタン会社といわれている日清紡の、工場増築工事の地盛り作業に雇われ、飯場に住み込んで、毎日、愛知川から土砂運びのトロッコ押しに汗を流していた」という（朝野 一九七三＝一九八八（下） 一三〇頁）。そのかたわら、彦根市で『自由評論』という月刊新聞を発行し、急激にアナーキズムに接近していった。

「当時の私の日常をもうすこし詳しく述べるならば、私はその前の年の十月ごろ、石川三四郎氏の招きをうけて、関東地方黒色労働組合の大会に出席するために東京に行ったが、帰る旅費がなかったために、約六ヵ月間ルンペンのような生活を送り、その間ずいぶん苦労をしたが、アナやボルの思想家たちや運動家たちに出会い、時にはアナ・ボルの乱闘騒ぎに巻き込まれたこともあった」（朝野 一九七三＝一九八八（下） 一三二頁）

また、それと前後して水平社運動に参加するようになり、昭和九（一九三四）年の愛知川署差別暴行事件や翌年の日枝小学校教員差別暴行事件の糾弾闘争(4)にも積極的にかかわっている。のちに「戦時中の滋賀県における解放運動の旗は、名実ともに藤本さん一人の手で守られてきた」と書くことになる、藤本晃丸《こうがん》(5)と出会ったのもこの頃である。しかし、支部活動がようやく軌道に乗るかと思われた昭和十（一九三五）年十月、朝野は無政府共産党事件を口実に突然逮捕され、以後二年六ヵ月にわたって投獄される。

運動家と教化者のあいだで

寺を出てから逮捕されるまで、わずか二、三年ではあったが、二十代の後半にアナーキズム運動や水平社運動をじっさいに体験したことは、その後の朝野にとって貴重な指針となったにちがいない。これらの運動の経験は、東本願寺に入って教化者となることを宿命づけられていた朝野にたいして、そうした自己を乗り越えるひとつの契機をもたらしてくれた。このとき、運動家としての朝野が誕生したといえるだろう。また、朝野のなかに、社会運動とはこういうものだという強烈な印象が刻みつけられたのもこの時期であり、とくに「自由労働」に典型的に現れた〈運動と生活が一体化した倫理〉が後々まで彼の生き方に深い影響を及ぼした点は、ぜひとも指摘しておかなければならない。

しかし、さらなる朝野の思想的な翻身は、獄中にあった二年半のあいだにも起こっている。その間、彼は仏典を読みふけり、武内了温をはじめとして「ふり切って出たはずの宗教関係の人たちが親切に援助の手をのばしてくれ」るなかで、ついに「新しい親鸞」を発見するにいたる（朝野　一九八八（上）　八頁）。ここで朝野の回心と「新しい親鸞」について語る余裕はないが、少なくとも、その結果として朝野は、「ふり切った」はずの教化者としての自分を再び意識せざるをえなくなったはずである。

このように見てくると、朝野が広瀬で陥った困難がどのようなものであったかが、ようやく理解できるように思う。つまり彼は、一方で、教化者である自己を脱するために運動家となることを志しながら、他方、教化者たらざるをえない部分を自己のなかにつねに抱えていた。しかも次節で見るように、朝野がみずから望んでそうなったはずの運動家としてのあり方そのものが、皮肉なことに、さらにまた彼とむらとの距離を広げるきっかけとなってしまったのである。

おそらく、朝野における一番の問題は、「すべてを捨てれば」「地区の人間になれる」というかつての考えを、ほぼそのままもってむらに入ったことにあった。そこには、むらの気風や伝統や自治にたいして他者として接しようとする姿勢はほとんどうかがわれず、彼自身そのような接し方をわきまえていたようにも思えない。そのせいか、朝野は自分とむらのあいだに横たわる距離を、最後まで扱いかねて苦しんでいたようにみえる。朝野が、むらの生活文化にたいして「誤解」を抱かざるをえなかった素地は、案外、こんなところにあったのではないだろうか。

6 信楽《しんぎょう》会館

保育事業

ＪＲ北陸線の木之本駅で下車し、地蔵まつりで有名な浄心寺の前を曲がって北国街道ぞいに少し行ったところに広瀬のむらがある。むらに入ると、最初の四辻の一角に、大きな石碑を配した建物が目を引く。それが、一九八一（昭和五六）年、朝野の死の前年に改築のなった信楽会館である。

その信楽会館の改築にさいしても、ことはスムーズに運ばなかったようだ。朝野が広瀬に入って三年目に結婚し、以後三〇年にわたって彼と苦楽をともにしてきた奥さんは、次のように回想している。

「それでもね、先生死んでからね、（区長が）何回でも寺を返してくれ、むらへ返してくれって（言ってきました）。なにも、建てる（改築する）ときはね、だぁれも（むらとしては）手伝いにこないんだ。ほんま言うと悪いんですけど、ぜぇんぶ私のとこでしたんです」

会館をむらへ返すようにという要請は、じつは朝野の死後に始まったものではなく、生前にもそのような申し入れが区長側からあったことを、朝野自身書いている（朝野　一九七〇ｂ　四一頁）。背景には四派閥が入り乱れる熾烈な派閥争いが絡んでいた。だがそれだけでなく、この信楽会館問題には、広瀬における朝野とむらとの距離が典型的なかたちで現れているといってよい。

はじめに確認しておきたいのは、戦前から現在にいたるまで、信楽会館の建物は区の（むらの）所有物であったという事実である。ことの起こりは、朝野がそのような所有関係のある信楽会館で開いていた託児所（その頃には常設になっていた）が、一九五二（昭和二七）年十一月、児童福祉施設として認可された時点にさかのぼる。

「私のところは公立で発足するつもりであったのが、町や県の予算がないから私立として開設してくれというので、町の敷地であり、区の建物であるのに、私の名義で私立として発足することになった」（強調引用者。朝野　一九七〇ａ　九九頁）。

町の財政上の理由から、私立広瀬保育園として発足したことが、後々まで尾を引くことになった。朝野にたいしてむら人から反発が起こった直接のきっかけは、園の発足後、数回にわたって行われた増築や改修であった。そのとき、住民のなかには「私たちの住むところを広くするのに寄付をするのは割り切れないという気持ち」があったと朝野は述べているが（朝野 一九七〇a 一〇一頁）、そこには、それまではたんなるボランティアであった朝野が、一転して、事業者となり、またその家族も給与生活者となったことへの、住民の戸惑いが表れている。だが、この点については、そのほかにもさらにこみ入ったいきさつがあった。

「誤解」

聞き取りの過程で、開設当初、朝野が保育料の徴収などをめぐって保護者から強い突き上げを受けたという話を耳にした。しかし、なぜ突き上げがあったかについては、奇妙なことに、人によってまったく正反対の理由があげられていた。ある人は、生活保護家庭の子どもの経費を、保護家庭以外の人に負担させようとしたことへの反発であったと語っている。しかし別の人によれば、そうではなくて、納付義務のないはずの生活保護家庭に、それ以外の家庭の子の経費の一部を担わせていたことが問題化したのだという。だが後者の例は、朝野の貧困家庭への救済の姿勢から常識では考えられないことである。

いずれにしろ、こうした現時点での解釈の相違が、当時、保育料等の徴収基準の不明確さをめぐって父母のあいだに混乱が生じていた証拠だといえるだろう。しかもそれが、当時の朝野の経済状態と結びつけられたから、事態はいっそう深刻になった。というのもその頃、保育園の園児の数が、かなり定員割れすることがあったようだ。それでも町からの補助金（正確には委託措置費）は、定員の人数分が支払われる。そこで、その差額を朝野が生活費に流用しているという憶測までが、むらのなかでささやかれるようになったのである。

私の見るところ、これらの多くは父母の側の「誤解」であったと思われる。広瀬保育園が伊香郡で最初の保育園であったことを考慮すれば、家庭の生活状況に応じて保育料が違うことだけでも、初期には不公平感を生むに十分だったろう。定員についても、朝野によれば、事実上、定員枠はあってなきがごとしというのが実情だったようだ。

「それも、こども本位であるから、ワンサと押しかけてきたかと思うと、途中で泣かされるから嫌だとかで脱落したりした。またいきたがるからどうしてもいれてくれといってきたり、出入りが多くて定員などは問題にされなかった」（朝野　一九七〇b　五一頁）。

また娘さんも、こんなふうに当時を振り返っている。

「三歳以上児っていう感じで受けてたんですけどね、もうおむつ持ってきてましたわ、みんな仕事行かんならんから、日雇いやから。雨降るともう、ほのかわり子どもが少ないんですわ、親がいますから。ほって、お天気のいい日はいっぱい来るんです。六〇人、八〇人て」

そして、定員外の子どもは「自由契約」とされるが、その親からその分の保育料を徴収することは難しかったようだ。そんな理由から、措置基準内の子どもはちゃんと保育料を支払っているのに、措置基準を満たさない比較的豊かな家庭の子どもが無料で保育を受けているといったケースも、ままあったらしい（朝野　一九七〇b　五一頁）。しかし、保育所の経営をめぐって寄せられる疑念を、朝野側がたんなる「誤解」として一笑に付せなかったのは、その疑念にまったく根拠がないわけでもなかったからである。問題は、保育園の経営と、朝野一家の生活とが一体になって営まれていた点にあった。朝野自身、こう書いている。

「増改築をするたびに、私の負担金がそうとう額がつぎこまれた。もとより私に私財があるわけでないので、それらの出費は、私たち家族が職員としてもらうべき給料から増改築のたびに生ずる不足分を支払ってきた金額の合計であった。……私のような人間がこういう立場におかれてみると、こういうようにするほかにどうしてみようもなかった。だから私たちがただばたらきをするように、自分たちの給料を設備の拡張費や運営費につぎこんできたからといって、それは私たちのふところから直接でた金ではない。働いている間に、そういうことが可能になってきただけのことである。またそういうことができて行く間に、自然と私たちの生活の幅もひろくなってきたのであって、私たちが事業と生活を筋道をたてて割り切ってしまっていたとしたら、どちらも立たなくなってきただろうと思うのである」(強調引用者。朝野　一九七〇b　四一―四二頁)

しかし、むらのなかには、なんとも釈然としない思いがわだかまっていったらしい。それどころか、ある種の危機感のようなものが生まれていた。それが「朝野出ていけ運動」となって噴きだしたのは、開設後、二年もたたない一九五四(昭和二九)年のことだった。詳細については、いまだ不明である。ただ、上述のような朝野による保育園運営のあり方に「不正」な部分を認めた人があったことは聞き取りでも確認している。保育園の増改築にまつわる使途不明金への疑惑。これも、ひとつの要因ではあったろう。

〈運動と生活が一体化した倫理〉

けれども、現在の私たちにいえるのは、「朝野出ていけ運動」に始まり、今日までくり返しなされてきた会館のむらへの返還要求にいたるまで、そこには、会館にかんする二つのまったく異なった見方・考え方が存在してきたということである。

一つめは、いうまでもなく信楽会館としての会館である。荒廃しきっていたただの物資倉庫が、朝野温知という存在によって、戦後あらたな意味を与えられた。そして、保育事業や宗教活動などの朝野の解放運動の、広瀬での拠点となっていった。

ところが、多くのむら人にとって、この会館の存在にはそれ以外の、もっと大きな意味が与えられていた。それは、人々がこの会館をいまだに「公会堂」という呼称で呼び続けていることのなかに端的に現れている。この会館は、以前むらの寄り合い（総会）がもたれた場所であり、その意味でむらの自治を象徴する建物だったのである。

たしかに、この会館がむらの公会堂として使用されたのは、半世紀以上も前のことだった。それにもかかわらず、「公会堂」という呼称がむらのなかでしっかりと伝承されてきている点がなににもまして重要である。そこには、外部の人間には容易に推しはかりがたい、むら人の深い思い入れがあったと見なければなるまい。

そうすることによって、はじめて、私たちは「朝野出ていけ運動」や会館の返還要求のもつ真の意味に接近できるように思う。

朝野は保育園の認可が下りると、一階を広げ、二階を建て増しと、次々に信楽会館の建物に手を入れていった。それは、保育施設の充実を願う園長としてはやむにやまれぬ行為だったはずだ。しかし地区と合意のない状態では、そうした行為は、区の建物の一部を無断で処分したというふうに見なされかねない。そんなときに、戦前、無政府主義者であった朝野の共産主義的な側面に不審が生じたとしても不思議はなかった。そこには、むらの有する財産にたいする危機意識があったと思われる。じっさい反朝野勢力によって、「朝野はアカだ」という言い方が公然となされていたという。その三年ばかり前には、朝野は運動のさなか、外国人登録法違反で強制退去の命令を受け長崎県の大村収容所に一時収監されるという事件があった。朝鮮戦争の勃発と前後して、共産主義者の公職追放、いわゆるレッドパージがあったのもその頃のことである。

だが、朝野がむらの財産を無断で処分ないし「私物化」してしまうことへの危惧は、現在にいたるまで杞憂に終わっている。朝野が信楽会館の所有名義を変更したり、法人化して登録したという事実はない。だからこれらの危惧にかんしては、むら人の側の大きな「誤解」であったといわざるをえない。

一方、朝野にとって保育事業は、広瀬地区に地域ぐるみの社会福祉活動をつくりあげるという方向性をもった彼なりの解放運動であった。だから、彼にとっては保育事業もひとつの運動だったのであり、それを自分たちの生活のなかに取り込み、しかもその境界がもはや見定めがたくなるほどまでに事業を生活の一部にしてしまった朝野の経営姿勢は、まさに、かつて彼がアナーキズム運動から得た〈運動と生活が一体化した倫理〉の実現であったといえるのである(6)。

しかし、運動家としての朝野のそのような生き方は、経営面からいっていつまでも押し通せるものではなく、朝野がとった事業者としての行為は、なによりもむらの自治のシンボルを危うくさせるものだった。あえて比喩的な言い方をすれば、旧公会堂がかつての姿を失っていき、信楽会館としての体裁が次第に整えられていくさまは、見る者に、解放運動によってむらの自治が徐々に侵食されていくかのような印象をもたらしたのではなかったか。このように考えてくれれば、むら人を襲った危機感の尋常でないことも理解できるだろう。

7　運動と自治

区長立候補制

戦後、解放運動の契機は、むらの自治のなかにさまざまなかたちで入りこんでいった。たとえば、朝野が区長として行った小規模の組を単位とした自治会の再編成や、ボランタリーなグループの育成もその一例である。そのなかには、彼の「取り巻き」連となった中堅的な青壮年層による「村を明るくする会」、婦人たちの「楽しい暮らしを守る会」、子供会等があった。しかし、こうした朝野の試みは、いずれもかんばしい成果をあげられなかった。とりわけ後世まで禍根を残すことになったと批判を浴びたのが、一九七〇年代はじめの区長時代に導入した区長立候補制である。

はじめ区長立候補制がむら政治に弊害をもたらしてきたと聞いて、正直なところ首をかしげざるをえなかった。農村の民主化が叫ばれて久しかったその頃、区長立候補制こそもっとも望ましい制度ではなかったか。だが、広瀬の場合、区長立候補制の導入が、朝野が当初意図していた運動の後継者づくりに貢献するどころか、区長職への同一派閥の固定化を招いてしまったようだ。当時、朝野の「取り巻き」連の一人だったある男性は、戦前から行われてきた区長の選び方のほうが広瀬にはふさわしかったと述懐する。

「これは、朝野さんの悪口になるけどね、このむらの区長のありかたも、そうですんやわ、あの人がみなひっくり返してしもうたんや。というのはね、区長はね、昔っから、この人なら良かろうと、皆が推薦して頼みにいったもんです。それを立候補制にするっちゅう話を、私がいるときに言われたんですわ。ほんで、区長みたいなもの立候補制ちゅうことあかんと、ぼくらものすごう反対したんですけどもね、それでもするっちゅうて言うた以上は絶対あの人は引かんでね、で、立候補制にしよった。それがいまだに悪影響を及ぼしてるんですわ、もう」

この出来事をきっかけとして、彼は「取り巻き」連から抜けていく。この例に限らず、朝野の「取り巻き」となる者の顔ぶれは、その時々によってめまぐるしく変わったという。その理由としては、政策上の意見の不和から、個別的な派閥の利害が絡むものまでさまざまであった。しかし、この場合の二人の意見の対立には、その後のむらの自治のあり方を左右するきわめて重要な問題が絡んでいたように思われる。

私たちは、朝野が区長立候補制を導入した意図をもっとくわしく知る必要があるが、残念ながら彼はこのことについてはなにも書き残していない。ただ、区長立候補制となってから、彼は、それまでの選出方法であったら推されなかったような立場の人物を、自分の後継者として区長に当選させているという事実がある。そこに朝野なりの階級的な視点があったのはたしかだろう。私たちは、当時、社会科学の領域においても、やはり階級的な観点から農村社会の変革をめざすことが、もっともラディカルな姿勢とされていたことを知っている。また、同時に、そのような考え方は、実際の農村ではほとんど受け入れられなかったということも、いまでは明白になっている。

それでは、朝野は大方には受け入れられないことを承知で、（むら人が「木之本じゅう、どこのむらをさがしてもない」というような）区長立候補制をあえてごり押ししたのだろうか。そうではなかったように思う。なぜなら、朝野がそうした改革を試みた時期、むらの自治はまさに大きな転換期にさしかかっていたからである。

それを象徴するのが、一九六〇年代における青年会活動の終焉である。青年会は、むら人が氏子となっている日吉神社の「おこない」行事を取り仕切ることなどを通じて、村内において公然隠然の力をふるっていた。とくに、青年会が村入り金や村法金を徴収する権限は、よそ者のむらへの移入を規制することによってむら秩序の維持に貢献してきた。しかし青年会の消滅後、村入り金と村法金は、いっとき区が肩代わりをして徴収したものの、それも解放運動でいう結婚の自由に矛盾するというので、まもなくそれらは廃止されている。そして、この頃にはもうすでに世帯数の増加のきざしが見え始めている。

また、青年会とともにむらの自治の両輪であった地区の寄り合い（総会）は、戦後に入ってからは行われなくなっており、各自治会から役員が出て地区全体の取り決めをするというかたちに変化していた。その意味では、「昔っから」の自治のスタイルは、じっさいにはすでに失われつつあったのである。

だから、朝野があえて区長立候補制という新しい提案をしたとすれば、それは、このような状況を見すえたうえで、同対法施行後の地区行政にたいして独自の構想があってのことだったろう。ただ、この制度が派閥間の駆け引きに利用されかねないことに、充分に思いをいたすことができなかったのが、「よそ者」としての朝野の限界といえるかもしれない。その点にかけては、なるほどむらの気風をよく知った先の男性の反論のほうに、一理も二理もあったのである。

運動理念と個別施策

だが、まだひとつ、ひっかかる問題が残っている。この話のなかでまたしても触れられている「言いだした以上、けっしてあとへ引かない」、あの「頑固」な朝野である。むらのなかでこれまで朝野の姿勢を批判し続けてきたというある人は、そうした朝野に現れる指導者としての尊大さを、「われわれがもつコンプレックスの上にもう一つコンプレックスをもっている」朝鮮人としての朝野の二重のコンプレックスから説明している。たしかに朝野とその家族はむらのなかで幾重もの差別を受け、朝野自身それをよく自覚していた。彼は藤本晃丸の身の上に託して、次のように書いている。

「藤本さんの受けた差別というものは二重三重のものであった。つまりは、部落民であり、坊主の子であり、親なしであり、貧乏人であり、よそ者であったのである。彼は私と同じように、部落のなかでも差別されていたのである」（朝野　一九七三＝一九八八（下）　一四九頁）。

それに加えて、朝野の場合、「朝鮮人」であり、「共産主義者」であり、「知識人」でもあったわけだ。

したがって、この解釈も必ずしも間違いとはいえないだろうが、私はまたそれとは別の解釈を提出したい。それは、これまで指摘してきた朝野とむらの生活文化（むら人の意識）との距離に原因をみようとするものである。とりわけ、ここで朝野が突きあたったのは、彼の考える解放運動とむらの生活とのあいだの容易に折り合いのつきかねる関係性ではなかったかと思われる。

私たちが広瀬に聞き取りに入ったのは、ちょうど区長の選出法がそれまでの立候補制から再び（協議による）推薦制へと戻された時期だった。その復活した推薦制で最初の区長を務めた男性は、何度も区長経験のあるベテランだが、彼の語る朝野との関係はなかなか興味深い。

戦後まもなく広瀬に来た朝野に出会ったときにはまだ二十歳そこそこだったが、彼が当時の朝野から受けた感化は相当なものだったようだ。青年会の主催する演芸会で自分たちが学生時代におかれた差別的な状況を演劇にして上演したのも、さらに政治に目覚め二十五歳で町議会に立候補したのも、朝野の考え方に強く影響されたためだった。

「その時分、朝野先生について、部落（県下）六〇何ヵ所もあったとこへついていったり、そこの青年やらと話やらして、県の解放同盟の役員やら、青年部やらさしてもろうたり、……それから何回か、措置法にめがけて県連なんかのやってました」

しかし彼は、特別措置法の制定運動を境に、朝野の「取り巻き」から離れていく。具体的に広瀬の道路施策や住宅施策が日程にのぼるようになって、朝野とのあいだで急に意見の不一致が生じてきた経緯を、彼は次のように語っている。

「（四十前の）所帯盛りの中堅層だった私らも、その時（措置法の成立の過程）から、環境的に解放される、排水であると、住宅であると、いろいろの件については、こういうようにしたらええな、（という）のについては、なんも小さいときからそこで生活してるんで、それじゃ、こうした方がええな、というやっぱ在所のそうした生活した者の考え方に同調して、……解放運動のことについては、（以前から）あの理想に向けて精神的、概念的（観念的）なことには一所懸命になってやったけども、働き盛りの時には、運動と、それから施策とか、そういう問題について矛盾があって、朝野先生と施策的にね、そらもう意見が違ってきた」

たとえば、すでに見たように広瀬の人たちが持ち家施策の方を望んだこともその一例である。こうした具体的施策にたいする取り組み方の相違というのは、いったいなにを意味しているのだろう。その点については、彼がたとえとしてあげたつい最近の事例が、間接的に答えてくれるように思われる。

「小さい頃から在所で生活してきた者の考え方」

広瀬のなかを赤川という六、七メートル幅の川が流れている。以前はよく水がたまったが、下の地区で河道の拡幅や分水計画をすることで、それも収まっていた。ところが今度は、上の地区で開発などの影響により水がつかえて、その末流が広瀬で川をあふれさせる事態が生じた。それを防ぐためには、上の地区で河川の改修を行う必要がある。その工事に同和事業の補助金を使うか否かで、広瀬の住民の意見が分かれた。彼は区長として、補助金を使わせる方向で意見をまとめたが、そのように決断した根拠は、「お互い生活協同体やから」ということであった。

「上のやね、一般地区の排水を受ける、なんでそんなもんに同和の補助金を積むんやと、ほんなもんあっちでさしたらええんでないかと、こういうような声もあります。あるけれども、私は去年区長もしたんやけど、お互い生活協同体やから、共に、その補助金（の使途）が関連するんやからして、なにも町がそうやってするんであれば（反対することはない）ということでしましたけど、で、朝野先生がもう、そういう方面には大将らはあんまりわからんわね、施策的に……」

この議論は、はたして補助金の財源をどのように位置づけるかという路線上の問題を提起しているのだろうか。そうではないだろう。彼が言わんとしているのは、解放運動の普遍的な理念を個々別々の地域施策として具体化するときに、どのような立場に立って行わなければならないか、ということではないだろうか。彼によれば、その場合、「小さいときから在所で生活してきた者の考え方」を尊重することがなによりも大事だということであり、そうしてこそ、近隣の地区と自分たちの地区をともに「生活協同体」ととらえる視点が成り立ちえたのであった。

もちろんこの出来事自体は朝野の没後十年してからの話であるが、生前の朝野が、こうした一本の川によって緊密に利害が結びついている地域社会のあり方までは、当時、施策上あまり考慮することができなかったとしても、それはやむをえないことであった。しかし、彼としては、むら人の考え方を斟酌せずに自分の計画を推し進めようとする朝野についていくことはできないと判断した。それが、彼が朝野と袂を分かった理由だった。

このように見てくると、朝野からむら人が離反していく事情には、けっして朝野の性格やコムプレックスなどに還元することのできない、解放運動がつねに抱えざるをえない重要な問題がかかわっていた。運動の普遍的理念と個別的施策とのあいだの一筋縄でいかない関係がそれであって、朝野とむら人の関係はそれを私たちに普通以上に拡大してみせてくれたといえるだろう。

凄絶な人

現在、広瀬ではかつて朝野の「取り巻き」だったり、朝野から運動への導きを受けたことのある人びとが、解放運動の担い手となっている。これまで振り返ってきた過去の経緯から、彼らの多くは朝野にたいして批判的である。しかしだからといって、彼の三〇年近くにわたる広瀬での活動がすべて無に帰すのかといえば、けっしてそうではなかろう。

それは、今日の広瀬で、運動をどのように進めていけばよいかと人びとが考えるときには、たとえ否定的な意味合いにおいてであれ、つねに朝野が行ってきた前例が引き合いに出されることからも明らかである。いまでも、朝野温知は、広瀬の人びとにとって、一種独特な存在感をもった人物として回想されている。

私は、このたび以上のように考えてきて、はじめてその存在感の一端に触れられたように思う。

朝野は、さまざまな点で、自分とむら人との意識の隔たりを自覚していたはずだ。しかし、朝野という人間の凄絶なところは、そのような距離を自覚したときに、むら人との接点を見つけようと妥協を試みたりしない点にある。

彼は、理解されていないことを知りつつも、あえて自分の信じる道を主張し続ける。そして、そのような姿をみなの前にさらすのである。そうすることに、なんらかの効果を期待していたわけでもないだろう。そうせざるをえなかっただけなのだ。そして、そのとき彼は、心のなかでいつもこんな叫びをあげていたのではなかったか。

「私のような人間がこういう立場におかれたら、このようにするほかにどうしようがあるだろう?」

注

（1）この調査の詳細については、反差別国際連帯解放研究所しが編（一九九五）を参照のこと。

（2）ニコイチ（二戸一）住宅とは、被差別部落の改良住宅用に設計されたテラスハウス形式の二戸一棟の住宅のこと。なお、この住宅建設は、以前に火事で焼けだされ、小屋がけして暮らしていた人たちを入居させることを第一の目的に行われたという。

（3）武内了温《りょうおん》（一八九一―一九六八）　全国水平社の顧問、のちに東本願寺内の融和団体である真身会を主宰。

（4）愛知川署差別暴行事件とは、窃盗容疑（のちに無罪が判明）の男性にたいして署員が拷問を加え、瀕死の重傷を負わせた事件。また、日枝小学校教員差別暴行事件とは、五年生の男子にたいして教員が体罰をくわえ全治二週間のけがを負わせた事件。

（5）藤本晃丸《こうがん》（一八九四―一九六四）　愛知川署差別暴行事件の糾弾闘争後、自宅に「全国水平社滋賀県連準備会」の看板を掲げる。戦前・戦中の滋賀県の解放運動に尽力した。

（6）しかし、このような倫理の危険なところは、運動を生活に利用しようとする勢力に簡単にとりこまれやすい点であり、それがのちの朝野派の形成や同対事業支出の不明朗さにつながっていく。

第9章　被差別部落への手紙

「手紙」に託すメッセージ

あるときは暖かいお茶の間で、あるときは雪のまいこむ仕事場で、またあるときは地区の会館で、たくさんの方にお話をうかがってきました。

二時間あまりのあいだ、全身これ耳になって集中して行う聞き取り調査。じつは、ただひとつ心残りがありました。それは、いつもこちらは話を聞く一方で、その話を聞きながら私という人間が、なにを思い、なにに驚き、なにを感じ、なにに感動したかということを、きちんとお伝えしてこれなかったことです。

「手紙」とは、書き手の思いを簡潔にまとめて伝える心のメッセンジャーです。私は、この章を、私の心のメッセンジャーにしようと思い、「手紙」という題をつけました。

メッセージの第一の送り先は、私たちが聞き取りで出会った部落の方々です。私はお話をうかがいながら、こんなことを考えました、という報告をここで行いたいと思います。

メッセージのもうひとつの送り先は、部落に入ってお話を聞いてみたいけど、そのきっかけをもてずにいる多くの人たちです。その人たちに向けて、私は部落の方々の思いを伝えるためのメッセンジャーになれればと考えます。この本を書こうとした動機はこの二つですが、あらかじめ内容について、少しだけおことわりをしておきたいと思います。

以下の文章は、なによりも部落に入って私自身が受けた鮮烈な印象をお伝えすることをめざしています。そのなかには、もしかすると解放運動や人権啓発の「常識」と、ずれたり違っている部分もあるかもしれません。あえてそのような点に触れたのは、部落の「実像」や、そこで暮らす人びとの「ありのままの姿」を伝えるために、どうしても必要と思われたからです。それから、今後そうした議論の輪が広がっていくきっかけとなれば、という期待もあったことを申しそえておきます。

なお、三通の「手紙」はいちおう順番に並べられていますが、どの「手紙」から読み始めていただいてもかまいません。

第1の手紙　生活の深みへ

思いすごし

その日は、老夫婦のお宅をたずねていました。

昼すぎにうかがうと、お二人はいつものように、私たちを茶の間に通してくださいました。私は、ご夫婦の屈託のない様子に触れて、ホッと胸をなでおろしたのをいまでもよく覚えています。

といいますのも、じつは私たちは一ヵ月前にも、別の用件でお邪魔しており、そのさい私は、ご夫婦の前でちょっとした失態をしでかしていたのでした。

その晩は、予定の時刻がとうにすぎたというのに、いつになく話が盛り上がっていました。そして、思いがけずも奥さんの手料理が食卓に並べられ、私たちはそれに舌鼓をうちながら、ご主人と夜がふけるまで杯をかわすことになったのです。こころづくしの料理のもてなしに、時のたつのも忘れる楽しいひとときでした。

私自身もいい気持ちになって、勧められるままに杯をかさねていました。ところが、あとになってその夜の自分の行状を知らされて、びっくりです。その場にいた仲間の証言によりますと、いよいよ宴もたけなわになった頃、私はいつのまにかご主人とさし向かいになって、まるで友だちにするようにご主人の肩をポンポンとたたきながら、しきりに相槌をうっていたというのです。

そんな失礼な態度をとったことにかんする私のためらいは、一ヵ月後に出会ったご夫婦のなごやかな表情を一目見るなり解消しました。ところが、ご夫婦のほうは、あの晩のもてなしについて、もっと深い懸念を、あの日からずっと抱えていられたようなのです。そのことがわかったのは、夕方になり、そろそろおいとましようとしているときでした。ご夫婦の会話のなかで、奥さんがふとこんなことをもらされたのです。

「ほんで、こないだのように、自分らが好むで晩の焼肉やとかね、勧めて悪かったなと思うて」

正直なところ、この言葉を耳にしても、しばらくはなんのことを言われているのかさっぱりわかりませんでした。私たちは、あの晩の心のこもったもてなしに感謝の気持ちを抱くことはあっても、迷惑に感じることなどいささかもなかったのですから。

いまから思えば、ご夫婦のなかでは、あの晩餐は私たちにたいして礼を失するふるまいであったという悔いの思いが、心の底のほうにわだかまっていたようなのです。そうした懸念がお二人のたんなる思いすごしであることは、その場にいた私たちがいちばんよく知っています。けれども、このご夫婦の気遣い方には、そんな思いすごしのひとことで片づけることのできない、なにかすごく重たいものがあるように思うのです。

このことに気づかされたのは、のちに、このときに録音されたテープを聞きなおしているときでした。それについては、もう少しあとで触れるつもりですが、その前に私たちの聞き取りがどんなふうに行われているかを、お話ししておいたほうがよいでしょう。

行商の話

その日、私たちがうかがった本来の目的というのは、ご主人に若い頃の行商の経験を話していただくことでした。敗戦の混乱がまだおさまらない時期に、田畑や地場産業のないこのむらでは、むら人のほとんどがなんらかのかたちで行商に携わっていました。私たちがよく耳にした「むら中が、行商してたらったわ」というセリフも、あながち誇張ともいえないようです。

それだけに、行商の話となると、語る側の目の輝きが違ってくるし、また、語りのテンポも小気味よくなります。


「統制時分はもうかったねぇ」


そう言いながら、ご主人は思わず目を細めました。

「大阪に泉大津ってとこありますわな。終戦後のあの時分に、衣料品て、いわゆるセーターとかそういうものをね、仕入れによう行ったしね。ほんで、難波の駅で（警察に）ひっかかって取られて（没収されて）もまたね（じきにいくんです）」

衣料品はすべて配給制で、衣料キップがないと、欲しい服も手に入らなかった時代のことです。統制の網の目をうまくかいくぐって商品を近在の小売店に卸せば、ヤミ値でとても高く売れました。ですから、統制違反で仕入れた品を没収されるくだりになっても、語りのトーンはすこしも落ちません。それどころか、ご主人の話はますます熱がこもってきます。

「もぅ、昭和の二一年から、だいたい三〇年ちかくまでやったな。とちゅうで、古着屋にかわったけど」

そう言って、ご主人は意味ありげにニヤッと笑いました。

「（大阪の次に）こんど行ったのは岐阜のほう。一宮というところで、綿反、木綿の反物、みなつくってはるんですわ。織ってはるところへ行って、それを内緒に買うては、ほんで、体にまきつけてね、もって帰るんですわ。それで、（警察に）ひっかかったら取られてしまうが」

体をよじっては反物をまきつける所作をオーバーにしてみせるご主人のしぐさに、そばで聞いていた私たちも、奥さんも、たまらず笑いだしました。

「そのわりに、古着はどうもなかったんですわ」ご主人の顔が、とつぜん真顔に変わります。「で、のちには、表向きは古着屋の商売して、古着のあいだに綿反をはさんでもって帰ったもんです、のちには」と、ここで、してやったりの表情。

「あとはもう、あんな木綿の反物は、取り合いやったもん。百姓さんみな、ほれ、モンペつくったりするでしょ。ああいうの、みな欲しい言うて」

このご主人の例にとどまらず、一般に行商にかんする昔語りには、こんなふうな警察や買い手との知恵比べ譚のような物語が多いのです。買い手に品物をどうやって高く売りつけたか、どんな商品を商って成功したか（山村に鏡台をかついでいって大もうけ、なんていう話もありました）、あるいは販路の開拓の苦労話、さらには、儲かるとわかるとすぐにその商品にくらがえしようとするむら人たちをいかにして出し抜いたかという自慢話、などなど。聞いているこちらも、ついつい引きこまれてしまいます。語り手といっしょになって、過去のできごとをじっさいに体験しているような気分にひたる瞬間が、何度となくありました。これなどまさに、聞き取りの大きな魅力のひとつでしょう。

しかし、私たちが、聞き取りのほんとうの恐さ、面白さを実感させられるのは、むしろ、語り手と聞き手のあいだで、うまく意志の疎通がはかられなかったり、お互いの思いのズレが明らかになったような場合です。

したたかさの陰に

行商をめぐる会話のなかで、とくに記憶に残っている場面があります。それは、このむらに聞き取りに入って、まだまもないときのことです。

私たちは、老人会長をされていたご主人に、むらの歴史や生活の全般にわたってお話をうかがっていました。そのときご主人は、行商という営みにかんして、いつになく自嘲的な発言をされたのでした。

その発言を引きだすきっかけをつくったのが、私たちがなにげなく発した次のような感想です。

「しかしそのわりにはね、なんかみなさんの話聞いていると、すごくたくましく感じられるんですけどね」

たしかに、先のような行商の体験談からは、警察の取り締まりの網をかいくぐりながらしたたかに生きるむら人たちの姿が、ありありとうかんできました。でも、そんな私たちの受けとめ方に、ご主人は、なにかしらひっかかりを感じられたのでしょう。すぐに、こうつけ加えたのです。

「ということはね、行商へ出るのは、けっきょくまぁ苦肉の策ちゅうのもなんやけど、最小限度の食べるだけの準備はしなきゃならんということですわ。儲かったときには、ごっつぉう食うとね。儲からなかったときには、ごっつぉう食えないということです。もうわれわれの歳いったら、どっこも使うてもらえないし、それでも、なにか食べる画策をしなきゃならないちゅうことですわ」

行商というのは、食い詰めたはてに、ギリギリのところでとられた最後の手段だったとご主人は言われるのです。それでも、なおも私たちが、「でも、楽しそうにしゃべらはるから、なにか、やっぱり、したたかというか、たくましいというか、そんな印象をもつんですけど」とたたみかけると、ご主人の語り口は、「結局、あきらめですわ」とか「もう、悪いときはやけくそみたいなもんですな、実際は」というように、だんだんと苛立ちを濃くしてくるのでした。

このときの、ピンとはりつめたその場のふんいきを思いおこすたびに私が思うのは、いったい、あのとき、ご主人をあれほどまでに苛立たせていたのはなんだったのか、ということです。その点については、そのときの会話を振り返ってみて、思いあたることがないわけではありません。

この発言をする直前にご主人が話題にしていたのは、行商世代が現在受けている年金額の少なさでした。

「ほんでこれ、私たちいっつも老人会で思うんですけどね。我々の年代の老人は、みな勤めた経験のない人が多いでしょ。そやから、年金も少ないね。ところが、他村はぜんぶ年金やらたくさんもろうてるわけですわ。そういう（金のかかる）つきあいをしていかなあかんので、このむらの人はみなえらいちゅうこと言えるわけですわ」

このような年金格差へのこだわりをもって、過去の行商体験を振り返れば、その当時、行商に代わる定職が見つけられなかったことへの怨嗟や、そうした状況に自分たちを追いこんだ差別への怒りが、この場面であらためてわきあがってくるのもわかります。

おそらくご主人は、私たちにたいして、行商の営みを、たんにたくましいとか、したたかというふうにとらえるだけでは、過去のみならず、現在における部落の生活の現実は見えてこないと、おっしゃりたかったのでしょう。

経験の衝撃

行商の文化を、部落のアイデンティティのありかとして実際以上に美化することへの警告。こういうと、ちょっと言いすぎかもしれません。しかし、ご主人の苛立ちのなかに、むら人の心情をもっと踏みこんで理解してほしいという、調査者である私たちに向けた切実な叫びがあったのはたしかだと思います。

むら人と私たちとのあいだにある、このような思いのズレ。いったいそれは、どのようにして生みだされてきたのでしょう？　その点について考えられるのは、行商に歩いたことのある人とない人のあいだでの生活経験の相違です。

よそから来た人にはきまって食事をすすめるこのむらの習慣について、ご主人はこんなことを言われていました。

「よその人が、このむらに入ってきたら、『**いったら、ご飯食べ、ご飯食べて、やかましいんや』ちゅうわねえ。それは、自分らも、行商に歩いてしんどい目ぇして、ああ、おなかすいたなぁというときに、先方でご飯呼ばれたのがおいしかった、ありがたかったというあれがあるんで、ついつい『食べていきなはれ』て言うと思うんですよ。ところが、よその人に言わすと、『**でご飯食べんかて食べるとこあるわいな』ちゅうなこと言うけどやな」

しかも、これはたんなる好意の受けとめ方の違い、というだけではすまされません。かつての差別の記憶が深く影を落としているために、さらに屈託した心情が加わっているのです。

かたわらで聞いていた奥さんが、「食べんと差別しているように思われるで」と言葉をつなぐと、ご主人も「ほんで、『いやいや食べてきた』ちゅう、そういう人があるんです」と話を続けます。ごく日常的な場面で生ずる近隣関係のこじれが、こんなささいなところにも顔をのぞかせています。

部落で出された料理には手をつけないなどといった、そう遠くない昔に父母や祖父母の世代によってじっさいに行われていた差別的な慣行。その記憶におびえる人たちが、ついついこうした屈折したふるまい方をしてしまうのも、無理からぬことかもしれません。

けれども、食事をよその人に勧める習慣が、かつて行商で生計を立てていたこのむらならではのものと、私もこのときはじめて知りました。そして、来客に食事をすすめることが、むら人にとっては、のちのちまで尾を引きかねない、きわめて慎重さを要する行為だということも。奥さんが先に心配された理由も、わかるような気がします。

それにしても、これに続けて奥さんのもらされた次のような感慨（テープをじっくり聞きなおして驚いたことに、この言葉は、けっして一般的なケースについて語られたものではなく、直接私たちに向けられていたのでした）は、こちらの胸に、時がたつにつれて、いっそう深く突きささってくるのです。

「ほんなのでもね、『食べ、食べちゅうさかい呼ばれたら、ホルモンのことですやろ、あんた。なんか臭いものいややけど食べた』とか、後の言葉をひょっと聞くことがあります」

部落に住むということは、このようなセリフを日々、浴びせられながら（あるいは、浴びせられるのではないかと気に病みながら）生活を送っていくことでもあったのです。

奥さんのなかにとつぜん頭をもたげてきた、もてなしの相手から投げかえされた捨てゼリフの記憶。しかも、そんな思いだしたくもない記憶がよみがえるきっかけをつくったのは、ほかでもない私たちの訪問だったのです。先方のなにげない言葉に、こちらの心がはげしく揺さぶられるこのような経験こそ、聞き取りの恐さであるとともに、醍醐味でもあります。

しかも、そうした経験がもたらす衝撃は、私たちが部落をたびたび訪れ、人びととの生活の深みにせまればせまるほど、いっそう大きくなっていくようなのです。

第2の手紙　穢《けが》れとつきあう

ある神事

湖北の部落をたずねて、むらの「おこない」という祭事についてお話をうかがっていたときのことです。むら人たちは、祀られている氏神さまのことを、畏敬の念をこめながらこんなふうに語っていました。

「ほんでまた、ここの神さまは、きついきつい」

「この宮さんのあれは、どういうんか知らんが、なかなか難しいですもんねぇ」

氏神さまが「きつい」とか「難しい」というのは、どういうことなのでしょう？　あとで聞いてわかったのですが、じつはそれは、このむらの氏神さまはほかと比べて、ことのほかきびしく穢れを嫌うという意味だったのです。

それでは、氏神さまは、いったいどんなふうに穢れをいやがるのか。こういった話題となると、むら人の語りは尽きるところを知りません。身を乗りだすようにして、次から次へと具体的な証拠をあげるむら人の熱のこもった表情を見ていると、こちらの胸には、「なにかが違っている」という複雑な思いがこみあげてくるのです。というのも、いま、目の前で穢れについて冗舌にしゃべっているむら人たちこそ、そうした穢れという観念のために、長きにわたって理不尽な差別を受けてきたのではなかったでしょうか。穢れという考え方を認めたりせずに、むしろ、それにたいして唾棄したり、正面から憎しみをぶっつけてしかるべきではないのか。

けれども、そうした私の思いは、あっさりと肩すかしを食わされてしまいました。これは、そうしたむら人の語りの一部です。

「夜中の一時にお鏡をつきますね。そと、それをお宮さんにまで持ってかんならん。お宮さんへいく道中には、各辻々に全部張り番、青年会であろうとあるまいと、一般の人たちも、手伝いの人もみな出てきて、張り番するんですよ。この張り番するとはどういうことかというと、この通る道には四つ足を通してはならんと。だから、犬ですね、それが通らないようにずうっと張り番。ほと、そこへこのお餅もった行列がお宮さんに。これは、昔もいまも変わらないですね、ぜったい犬にはじゃまさせない」

この話を聞いたとき、私はなにものかに頭をガツンとやられたような気がしました。いや、むしろそれは、ある種の啓示といってもよいのかもしれません。

むら人たちは、穢れという現象にきわめて敏感です。とはいえ、穢れという観念自体を否定しようとしているわけではありません。「四ツ」という賤称にたいする激しい反発や怨念。そして、「四つ足」を不浄なものとして忌み嫌う意識。この二つが、奇妙なことに（とそのときには感じたのですが）お互いを退けあうことなしに共存しているのです。
もしかすると、このような意識のあり方にこそ、部落差別の本質を解きあかす鍵が隠されているのではないか？私の頭にそのとき突然ひらめいたのは、あとから思えばこういう直感だったのです。

肉の穢れ

氏神さまが潔斎を求める穢れのなかには、肉による穢れも含まれていました。屠場《とじょう》をじっさいにたずね、食肉の生産に携わる人びとの姿にも触れてきた私たちとしては、ついつい、肉が穢れているという考え方じたいひどく差別的じゃないかと言いたくなります。
でも、そのように断定する前に、もう少しむら人の言葉に耳を傾けてみたいのです。たとえば、神水が消えた奇跡にかんする話。

「宮さんにお水をもらいにきた人が、＊＊の人やってん。昔、ここの道の突きあたったとこに肉屋があったんや。ほで、お水もらって、自転車の前に、一升瓶でいれて、ほいで、お肉買うて、肉横おいて、家へ帰ったんや。ほして、家へついたら、お前どうしたんやっていったら、水がぜんぜんないんやて。一升瓶の水が、割れてもなんもせんのに、ないんやて。ほんで、その人は蒼うなってね、もういちどもらいにきはったゆう、ほんなこと聞いたことありますけど。まぁ、肉やとかあれと、ぜったいいっしょにおいたらあかんとかねぇ、昔からみなやかましう言いますね」

とくに、「おこない」まつりにおいて、神さまに毎日かかさずにお供えをささげる宮守り役に選ばれたむら人の場合は、一年間、肉食を完全に断たなければなりません。そのさいには、お供えや自分たちの食事を煮炊きする炊事場も、ほかの家族の台所とは別のところにしつらえたそうです。

一〇年ほど前に宮守りを務めたある男性は、みずからの肉断ちの経験についてこのように述べています。

「ほんで、一年間は、肉食ちゅうようなこと、ぜんぜん食べんわねぇ。どこいっても、そんなんせんと。旅行行っても、(食事にちょっとでも肉が入っているのに気づくと) みんな、一緒に行ったもんも、ああ、これあかんでぇちて、みなが注意するもんね。自分らも食べたいと思わんし。なんかしらん、宮守りをやってるうちはね、食べたいとかほういうこと、ちっとも思わんし」

宮守りは、ほかのむら人と食事をともにするさいにも、肉にはけっして箸をつけません。こういう宮守りのふるまいは、宮守り以外の人たちから見れば、自分たちがふだん穢れた肉を口にしているという事実を、折に触れてうつしだしてみせる鏡のようなものであったでしょう。

しかしながら、肉が穢れているからといって、宮守りが終わってからも肉断ちを続けたという人の話は聞いたことがありません。この点について私がおもしろいと思うのは、むら人たちが、肉を含め自分たちがふだん接するさまざまな穢れを、当然な（あるいはやむをえない）ものとして、そのまますんなりと受け入れてしまっているところです。

言いかえれば、むら人たちは、日常的に自分のなかの穢れを意識しながらも、それとうまくつきあっていくすべを心得ているようなのです。じつは、そのためのひとつの方策が、「おこない」まつりだったのです。

二つの穢れ観

ところで、肉断ちをいっこうに苦にしなかったその男性が、「一番弱った」こととしてあげたのが、「身内に葬式があったりしても、全然行かれへん」ことでした。

それも、自分が参列できないばかりでなく、ほかの葬儀に出た者は、たとえ息子であろうとも、喪が明けるまで家に上げてはならないことになっているのだそうです。彼は、じっさいに、そういう事態に直面して、親子のあいだにどのような滑稽なやりとりがあったかを、こんなふうに語っています。


「息子がうちへ、まぁ、こういう仕事やっとるんで、名古屋から材料もってくるんですや。ほと、ご飯食べて帰りたいんやけど、家んなかに入れんのでよ（笑）。入り口で荷物をばあってほうりこんどいて、ほいで（笑）、また、入り口のそこまで、できた品物をおいといてよ。そうやって、息子もそいで、ご飯食べるかって、食べるて、こしらえたやつ外へ出してよ（笑）、ほいで食べさして、もう、ぜったい家んなか入れんのよ」


親戚や隣近所に不幸があっても顔を出さないということは、昔だったら村八分にされてもしかたないような、重大な掟破りにあたります。しかし、このむらの神さまは、穢れをはらうためには、宮守りにたいして、近隣との交際関係はもとより、親子や夫婦や親族の交わりさえあえて犠牲にするよう求めているのです。

それだけ、穢れというものにたいする畏れが深いということかもしれません。穢れをはらう側には、自分にそれだけの犠牲や苦しみを引き受ける覚悟が必要だということにもなります。

さて、以上のように見てきたむら人の穢れ観は、いわゆる結婚差別や職業差別を行う人びとの意識の底に見いだされる穢れ観と比べて、まったく似て非なるものであるようです。たとえば、穢れている（と考えられた）人物が自分の家に入ってくるのを徹底的に忌み嫌うこと。これは一見したところ、結婚などで部落差別を行う人びとの考え方と同じにみえます。

しかしながら、それぞれの場合について細かく見てみると、ふだんの生活における穢れにたいする対処のしかたがまったく正反対なのです。

結婚差別においては、穢れをはらう（結婚をことわる）ためだからといって、家庭内や親戚間の従来の関係を犠牲にするようなことは、できるだけ避けられます。いやむしろ、そうした従来の親子や親戚の関係を是が非でもまもろうとするがゆえに、結婚差別が引き起こされてしまうといったほうがよいくらいです。

また、そのさいに、ふだんの生活のなかで、自分自身がさまざまな穢れを引き受けているという認識などまったくありません。反対に、自分のふだんの生活が穢れなどとは無関係である（と信じられている）がために、穢れている（と思われる）存在を引き受けるのを徹底的に拒絶するわけです。

このような穢れ観にたいして、むら人の穢れ観のなかにある、穢れが日常生活においていたるところに見いだされるという考え方は、私たちに、差別問題への思いがけない対応策をもたらしてくれるように思えるのです。

部落のなかの性差別

「おこない」まつりでは、深夜、鏡餅をお宮さんに供えにいく道中に、必ず張り番が立つことになっています。張り番は、すべての辻々に立ち、きよめの塩をもって、通りを監視します。そんなに厳重に張り番を立てる目的としては、お宮へいく行列の前後を四つ足、すなわち犬や猫が通らないようにするためである、と述べられていました。しかしながら、じつは、もうひとつ、張り番がぜったいに通してはならないものがあったのです。それは、女性です。

「おこない」は、「百パーセント、男のまつり」だといわれています。じっさい現在でも、夜、お鏡餅をつくときには、カマドの用意をして餅米を蒸すところから、最後に丸めるところまで、すべて男性だけの手で行われます。けれども、最近は、昼間の餅つきには、女性が餅の丸め役をしたり、場合によっては、自分から進んで杵をとって餅つきに加わることもあるようです。

私たちが聞き取りに入った年には、前年の「おこない」をめぐって、ちょっとした談論がわきおこっていました。「去年の苦情がようけあんのやて。女の人に餅をつかしたいうて」と、ある人は、苦笑いをうかべます。女性がまつりに深く関与していくことにむら人が抵抗をおぼえるのは、女性を不浄とする考え方が、いまでも男性のみならず女性のあいだにも、根強く分けもたれているからです。

「女の人が自分から下がるいうんかな。その場におっても、ほの場でぱっと逃げるっちゅうかな。まぁ、罰あたると恐いちゅうか、申し訳ないちゅうか。仮に、おりなさいって言っても、いいですよって」

こういった土地柄ではありますが、その一方で、ひとり者の女性（未亡人）が、宮守りの役につけないのは差別だという声も出始めているようです。というのも、宮守りは夫婦で行うのがきまりですが、男やもめの場合には役につくことができるからです。

いま、むらのなかで、「おこない」まつりにおける女性の地位が、すこしずつ回復されてきているのはたしかです。興味深いのは、近年、「おこない」のさまざまな局面に女性が関与するようになった、その背景にある変化です。「最近は、つき手もおらんのでね、女の人も（餅つきに）出なければ」と主張する男性は、「いまは、女性が餅をついてもいいんですか」というこちらの問いかけに、「つき手がおらんで、やむをえんてなかたちですわ」と、男性のつき手が減ったことを第一の理由にあげています。

また、むらの運営や行事の見なおしに積極的に取り組んできた改革派の区長さんも、「古き伝統は伝統であるけれども」と言ってから、「男の人が、行事を責任もってできひんままやったら、女の人なんかも、行事をいっしょにしてもらわんことには」と述べています。女性の地位をなんとかしなくてはと、自覚的に取り組んでいる人ももちろんいます。ですが、むら人の職業形態の変化から、男たちがまつりに出たくとも出られなくなっているのも事実のようです。

さらに、女性の穢れについての考え方との関連でいえば、女性の「おこない」への関与の増大は、穢れ意識の克服というのとはどこか違っていますし、かといって、むら人のなかでそうした意識が自然に薄れていっているとみるのも、実際とはかけはなれた見方のように思えるのです。

穢れ意識のこれから

むら人が、穢れとつきあっている様子を見ていますと、そこには独特のスタイルがあるように思えます。

宮守りを経験した男性の語りを、もういちど思いおこしてみてください。葬儀に列席した息子さんとのあいだで家の内と外で交わされた、材料や品物についてのやりとりの場面です。

潔斎という言葉のもつ厳粛な響きのわりには、ユーモアにあふれたなごやかな親子のふれあいが目にうかんできます。そこには、息子の穢れをきっかけとして、親子のきずなを再確認しているようなふしさえ見うけられます。

穢れという現象にたいして、どのように対応すればよいかというルールを決めるのは、神様ではなくて人間のほうです。おもしろいのは、そのルールをよく見ると、かなりの融通性をもって運用されていることです。

たとえば、親子が同じ屋根の下に住んでいて、台所を別にする余裕がないとすれば、親が宮守り役を受けた場合、子どもの世代も一年間肉食ができなくなる、ということも起こりかねません。しかし、そんなときには、次のようなルールが、だれが言いだしたかも不明なまま、すんなりと受け入れられてしまうのです。

「ほの当時、子どもさんが多い人もおりましたわな。ほんでぇ、息子が肉を一年間くわんのは辛抱もできんし、家では食べられんで。ほいで、ほか行って食べてやな、まあせめて二時間以内は帰ってくるなと。帰ってくるときには、二時間たってから、口ゆすいで、塩ふってきよめて家へ入れよと。これは聞いたことようありますな」

このように、どこまでが穢れと考えられて、どこからが穢れと見なされないかの基準は変化してきており、しかも、穢れとされる基準がしだいにゆるやかになってきているのも事実です。

かつては、宮守りには夫婦の夜のまじわりも禁じられていましたが、そのようなことをいっていては宮守りの持ち手がいなくなるので、いまではそのような主張をする人は見られません。

とはいえ、こうした傾向からすぐに、むら人の穢れ意識がうすれてきたと結論づけてしまうのは、早計に思えます。

「おこない」まつりは、氏神の観念や穢れ意識がなくなってしまっては、成り立ちようのない祭祀です。このまつりが伝承されている限り、むら人から穢れ意識がなくなるということはまずありえないでしょう。しかし、現在じっさいに、女性がいままで以上に「おこない」に参加するようになってきています。それにしても、氏神さまの嫌う不浄な女性が、まつりに関与しているというのは、考えてみれば不思議なことです。

おそらく、ここでも、女性の穢れについての再解釈が行われているのにちがいありません。

「まぁ、昼間の餅つきぐらいならええやろう」「深夜のお鏡餅の行列を、遠くから見るくらいやったら、ええんでないの」

と、こういうぐあいです。

これからも、女性が穢れているという意識は残りながら（そのことを肯定しているのではありませんが）、「おこない」への女性の関与はいっそう増していくことになるでしょう。

このむらでお話を聞いていて思ったのは、穢れという観念をなくすことなしに、女性の地位を引きあげることが不可能ではないかもしれないということです。それと同時に、穢れという感じ方は、私たちが自然や自分の身体を意識するしかたと無関係ではないように思えます。穢れとつきあうという発想が、穢れを否定する思考とはまったく違う生き方をつくりだしているのは、そのためかもしれません。

もちろん、穢れ観が、人を差別する方向へと傾斜していく危険性だけはつねに見きわめておく必要はありますが、穢れ意識がもっているさまざまな可能性について、むら人たちは多くの示唆を与えてくれているように思うのです。

第３の手紙　処世の知恵

親の反対

結婚の相手に親が強く反対して親子のあいだにひと騒動もちあがることを、ある女性は端的に「修羅場」と表現しました。

「私の友だち、ここに住んでる友だちで部落外から嫁いできている人は、みんなほとんどそういう修羅場をくぐってね、私らの世代でも、もっと下の世代でも、みんなそうしてきてはりますわ。若くてお嫁にきている子でもね、けっきょく結婚式もしてもらえんと、なにもなしで、からだひとつで、急に、あしたからとか、今日からとか、住み始めたりっていう……」

部落に嫁いでくる女性の多くが、いまでも親の反対を押し切ってきている実情をこう語ってから、彼女は、

「通婚率でいうたら、その人らも含めるから、数字ではあがりますよねぇ。けど、その現状がさっき言うたみたいなんやから」

と、通婚率の数字だけを見て差別がなくなりつつあるという結論を出そうとする人たちを痛烈に批判しました。

その話を聞きながら私が思いうかべていたのは、いま大学で教えている学生たちのことです。私は、部落にかんする知識や情報が、家庭内でどんなふうに受けつがれているかに関心があって、よく授業で学生にたずねます。そうすると、親や祖父母から、明らかに偏見といえるような態度やしぐさで部落について教えられたという経験をもつ学生が、全体の三割近くにのぼります。

もちろん、これは正直に答えた学生についての数字です。そもそも私の授業をとっている学生が、いちおう人権問題に興味があることを考えあわせれば、ほかの学生も含めると、もっと高率になることが予想されます。

その学生たちに、結婚について問うてみると、親がなんと言おうと好きになった人と結婚するという返事が返ってくる場合もかなりあるのですが、なかにはいまから不安を抱えている学生も少なくありません。

私が気になるのは、たとえば、こんなふうに書いてくる学生です。

〈前回のレポートにも書いたが、私の母のいとこは被差別部落の人と反対を押し切って結婚したが、子供が産まれてもいまだに実家に帰ってこれないそうだ。だから、私自身も、母に「どんないい人やったとしても、お母さんは反対するよ」と何度も言われてきた。私は、最初は「そんなの差別や、おかしい」と猛烈に抗議したが、最近は何だか親の言うとおりにしている方が賢明なんじゃないかと半ばあきらめるようになってきた〉

こういう学生さんにこれまで私がしてきたアドバイスは、「親からもっと自立しなさい」とくり返し言うだけでした。でも、それはけっきょく、親を説得できないのならば、親と縁を切って家を出なさいと言っているようなものです。じっさい、自分から親と縁を切るなど、そう簡単にできることではありません。

もっと別の対応策があるのではないか、と考えあぐねていたときに、たまたま耳に入ってきたのが、こんな結婚の体験談でした。

説得はしない

「私の人生、すーっときてるんですよ、ほんとうに。だから、お答えするのに、あんまり適任じゃないかもしれない」と申しわけなさそうに言って、その女性は笑いました。

「流れにまかして、まぁ、わかってもらえるときが来るんやないかという感じで。いまの時代は、そういうこと言ったらあかん時代やっていうの親もわかっているんで、正面きってぶつかりあうっていうのはなかったんで、ま、そこらへんにも上手にのっかって、というか……、うーん」

部落の男性との結婚がどうしてこんなにスムーズに進んだのか、自分でもよくわからない、と彼女は言いました。両親の方に理解があったのかというと、そうでもないのです。むしろ彼女は両親や家族のなかにある差別性について、こんなふうに語っています。

「それで、家族とかみんな含めてね、差別意識っていうのはもちろん残ってます。もう、それ、現存してます。で、みんなそうなんですよ。別に、それが特別なことじゃなくって、いままでは、みんなそうやったと思うんですわ。それが普通っていうかね。で、そんなことごちゃごちゃ思うほうがおかしくって、もうあの、部落は部落なんや、だから、私らんとこで言うたら、親でも親戚でも、ほんまはっきり言うしね」

そして、さらに彼女は続けます。

「たとえば、＊＊町なら＊＊町がエッタやと。そこはもともと別なんやと、自分らとはぜんぜん別。なにもかもいっしょにして考えること自体が、おかしいと、そういう考えをもったなかで私も育ってきたし……。まぁ親も、ふだんのつきあいまではね、踏みこんで言わへんかったけど、結婚だけは別やと。小さいときから、地区の人はあかんでって、私なんかも言われ続けて育ってきたんですよ」

なんともはっきりとした差別意識！　でも、そうだとすると、なおさら「人生、すーっときてる」という彼女の言葉が、不思議に感じられます。いったい、この両親と娘のあいだで、娘が部落の男性と結婚するまでに、どんなやりとりがあったのでしょうか。彼女は、そこのところを、さりげなくこんなふうに説明しています。

「なんていうのかなぁ、理詰めでね、いままでそういうなかで育ってきた両親を、理詰めで説得しようとも思わへんかったし……。ほんまのこと、もし、話し合って、で、突きつめて考えたとしてもね、私、明確な答えっていうか、明快な回答は得られなかったと思います」

そして、彼女がとった手立ては、「流れにまかす」とか「自然体で」というふうに表現されるのですが、具体的には、じっくりと両親の様子を見ることであったようです。たとえば、こんな話も聞きました。

「うちの両親は、たとえば彼がうちにきても、別に、もろにいやな顔をするわけでもなかったたし……。だから、そのなかで、人柄とかね、そういうものをわかってくれるんやないかっていう、思いはありました」

さて、このような彼女の対応については、これまでの私だったら、正面から親と議論することを避けて、ただなりゆきにまかせているだけではないか、と批判していたかもしれません。しかし、彼女の話を聞いているうちに、この「理詰めの説得」をしないところに、むしろ、自分の周囲の差別意識がどんなものかを知りつくした人の、処世の知恵のようなものが感じられてきたのです。

差別意識と折り合う

この結婚の経験談をうかがっていて、私が興味を引かれたのは、彼女のそうした生き方もさることながら、それ以上に彼女のご両親が、なぜかくも簡単にそれまでの考えをひるがえしてしまったのかという点でした。娘の恋人の人柄に触れていくなかで、しだいに部落にたいする偏見がときほぐされていったのでしょうか。どうも、それとは違うようです。

結婚してからも、両親の部落にたいする態度はそれほど変わっていないと、彼女は言っています。

「親は、いまでも差別意識をもっているんですよ。私がここでの生活をいろいろとしゃべりますね。そうすると、うーん、やっぱり部落の人は、とか言うて（笑）、なんかわけのわからんことを言ってるときもありますけど」

おそらく彼女が見抜いているように、ご両親は、この結婚に反対しても、その後の娘の幸せに親として責任がとれるわけでもないので、自分たちの気持ちにある程度折り合いをつけて、結婚を認めるほうを選んだのでしょう。これは、一般的にいえば、「娘かわいさのために、しぶしぶ結婚を許す」というパターンにあたりそうです。

しかし、「しぶしぶ」というと消極的に聞こえますが、このご両親のいさぎよい変化は、すごく能動的なものを感じさせます。それはもちろん、差別意識とたたかってそれを克服したというのとは違います。あえていえば、娘の結婚を認める方向で、自分たちのなかの差別意識と折り合いをつけた、ということになると思います。

これまで結婚差別については、〈こんなにひどい差別意識が原因になって引き起こされた〉というような指摘は数多くなされてきました。しかし、〈差別意識とこんなふうに折り合いをつけることによって未然に防ぐことができた〉といったような報告はあまり聞かなかったように思います。

けれども、いままで見てきた事例が教えてくれるのは、たとえ差別意識に深くとらわれている場合でも、差別を引き起こさないように身を処していくのはけっして不可能ではないということでした。

ここで重要になってくるのは、それぞれの人が身につけている処世のしかたがどのようなものかという点です。そうした処世のしかたは、その人の性格や生い立ちによってずいぶん異なりますから、逆にいえば、私たちには個々人の創意工夫の余地が意外と広く残されているわけです。

処世に学ぶ

じっさい、これまで見てきた彼女の経験談のなかには、さまざまな処世の知恵が散りばめられていたように思います。たとえば、ご両親のあざやかな処世法について、彼女はこんな例をあげています。

「うちの両親とかも、もう結婚するって決まったら、それまでのような差別的なことはぜんぜん言わなくなって……。こんどは、結婚するにあたって、私たちの生活がどう成り立っていくかていうの考えたときに、まぁ、家でなにもさしていない娘やし、それに、女でもこれからは、やっぱり職業もったほうがいいと。そういうことをすべてクリアーするには、なにが必要か？　両親の存在が必要やろう、もちろんいっしょに暮らせている。ということは、同居やろ。同居となったら、うちの夫の場合は家も建ってるし、相手が出る気がないって言ってるんやったら、そこにいって住むしかない。それなら、あんた、そこにいって同居さしてもらいなさいよ（笑）」

そしてまた、彼女自身の次のような割り切り方も、私たちにはたいへん参考になります。それは、なぜ彼女が「理詰めの説得」を両親にたいして試みなかったのか、という理由でもあります。

「だからといって、両親の言うことを聞かないわけじゃないですよ。いろいろ生きてきた両親の言うこと聞いといて、ほぼ大方は、間違いない賢明な人生を歩めると思うんです。両親が言ってきたことをいろいろ考えるとね。だけど、そうじゃない部分にあてはまる部分も、二割ほどあるんですけど。でも、八割がた、両親の言うことは間違いはないと思ってます、いまでも」

では、八割がた信頼している両親の、残りの二割の部分、すなわち差別的な意識にかんする部分を、彼女はどのように受けとめていたのでしょうか？

「私、自分がいちばん大事なんですよ、本質的に（笑）。自分が大事ていうことは、ずうっと、自分がいままで育ってきて、現在にいたった自分のすべてが大事なわけであって。そしたらね、だれでも、両親でもそうやけど、私以外の人間がいろいろな考えをもつのは、そうならざるをえなかった過程があるわけで、両親にも誰にもゆずれない自分というものがある。だから、自分も大事で、自分も認めてほしいかわりにね、相手も認めようと」

ここには、親子のあいだの、いい意味での緊張関係が感じられます。それは、お互いを認めあうことが、お互いを突き放しあうことと等しいような、緊張をはらんだ関係です。そのような関係を成り立たせているのが、じつは、お互いのなかにある「変わらない部分」にたいする認識だったのです。

「私の方が正しいと思う部分あるんやけど、そしたら、その人（親）をそこにあてはめようとかね、そうなれっていうのは、ぜったい無理。なんでかいうたら、たとえ相手にそう言われても、私自身がなれないから。だからそんなもの、無理やと思うんです。で、うわべは、変わったり、あわしたりできても、そこの部分だけはぜったいに変わらへん部分ていうのはあるやろうな、と思う。それをね、表むきだけでも変わってくれはったらいいかなと思うて、一所懸命、一所懸命、しゃべるのもいいんやけど、こうや、こういう歴史があって、こうでああでっていうのもいいんやけど、でも、それは、そんなこと言うたかて、いっしょ違うかなぁと思う」

私たちは、この彼女の言葉を、差別意識はぜったいに変わらないから放っておくしかないのだ、というふうに誤解して受けとってはならないでしょう。彼女は、「理詰めの説得」とは違ったかたちで、相手の「変わらない部分」にたいする働きかけを、たえず行ってきていたのです。それが、これまで見てきたような、そのときどきの状況に応じた処世の知恵にあたるものです。

長い人生のなかでつくられてきた意識が簡単に変わらないのであれば、その意識の存在を認めたうえで、それとは別の感性的な部分（たとえば、娘を思う親の気持）に訴えかけていくというやり方。これは、そうとうに高等な戦術です。

たしかに両親のなかの差別意識は、一見したところ結婚後も温存されているようにみえます。しかし、実質的には、従来からの差別的な態度に、はっきりとした変化のきざしが生まれてきていることが、先の彼女の話からもうかがえます。このような親と子の処世は、もちろん、だれにでも真似のできるものではありません。しかし、それを参考にして、自分の生き方にかんするなんらかの示唆を引きだすことはできるでしょう。

差別意識と正面から立ち向かう以外にも、それと対抗するいろいろな手立てがあるという事実。それを知って、目の前が少し明るくなったような気がしてくるのは、私だけではないでしょう。

もちろん、そういった処世は、個々人が、それぞれの状況に応じて、工夫したり、見つけたりしていくほかありません。でも、それだけに、私たち一人ひとりにとってみれば、これからさまざまな差別問題に対処していくうえで、まだまだ未開拓な沃野が前方に広がっているのではないでしょうか。

あとがき

本書に採録した九編の論文は、一九九五年から二〇〇五年までの十年間に書かれたものである。それを、このたび一冊の本に編んで出版することを思い立つまでには、二〇〇八年中における書物や論文の刊行の偶然な重なり合いがあった。

第一は、私自身も関与した『屠場　みる・きく・たべる・かく　食肉センターで働く人びと』（晃洋書房）の刊行である。第二は、私の論文「『部落を認知すること』における〈根本的受動性〉をめぐって　慣習的差別、もしくは〈カテゴライズする力〉の彼方」『解放社会学研究』第二〇号の刊行。そして第三は、長年の共同研究者である金菱清氏による『生きられた法の社会学　伊丹空港「不法占拠」はなぜ補償されたのか』（新曜社）の刊行である。おそらく、これらのどれかひとつが欠けても、こうした形での本書の出版はありえなかったと思う。その理由を、以下に簡単に記しておきたい。

本書が前半の三つの章で検討しているのは、屠場の建設に反対する住民運動である。ただ、住民運動の動きをいくら緻密に分析したところで、屠場についての情報が圧倒的に不足している現状では、住民運動にたいして評価を下すのは読者にとってたいへん困難なことに違いない。それだけでなく、これらの章の内容を公表することが、最悪の場合、従来の屠場にかんするマイナスイメージをいたずらに増幅するだけに終わってしまうのではないかという危惧が、つねに私のなかにあった。

そうした点で、「部落生活文化史調査」の共同研究により刊行した『屠場文化　語られなかった世界』（桜井厚・岸衛編、創土社、二〇〇一年）に続いて、「関西学院大学21世紀COEプログラム」の一環として先の『屠場』を刊行できたこと、そしてこうした書物が、読書界において比較的好意的に受け入れられたことが、これらの論文を採録するうえで、強力な後押しになっていた。

また、後半の三つの章は、部落差別問題をテーマとしている。そこに用いられているデータや分析自体には、いまだに新鮮さが失われていないと信ずるが、如何せん、これらの論文が執筆されたのは、いわゆる特措法の失効（二〇〇二年三月末）以前のことであった。したがって、今日、特措法時代の出来事について論ずる場合、現在の時点から、あらためて〈同対法体制〉をどのように捉えるのかという問題を避けて通ることはできない。

この点について、私は、論文「『部落を認知すること』における〈根本的受動性〉をめぐって」において、〈同対法体制〉とは、本来、関係的カテゴリーである「部落」や「部落民」を施策や事業の必要上から法的にも社会的にも実体的カテゴリーとしてとらえようとする体制であったと規定した。そうして、私たちの依拠する関係論的観点からすると、部落差別の本質は、〈同対法体制〉が前提としていた「実態的差別」や「心理的差別」というよりは、「『部落』『部落民』にかんする慣習的区分ないし慣習的カテゴリー化にもとづく慣習的差別」ととらえるべきであると主張している。こうした観点が、本書で提起した〈慣習のヘゲモニー〉という考え方につながることは、もはや多言を要さないだろう。

それから、本書第6章の論文を収録することを決意するにあたって、金菱氏の『生きられた法の社会学』が先行して刊行されていたことが大きかった。彼の十年にわたるフィールドワークにもとづいた重厚な作品があったからこそ、私なりの見解を提起することができたといっても過言ではない。その意味で、私の論文に関心をもたれた方々には、ぜひとも、大阪国際空港「不法占拠」問題の全貌の解明に正面から取り組んだ金菱氏の労作の方も参照していただきたいと思う。

さて、こうした諸々の事情のもとに編まれた本書であるが、私がこの本の中で主張している事柄は、いたってシンプルである。

第一には、環境的価値の実現をめざす実践や、環境保全のルールを定め、遵守する規範的実践においては、そうした実践を根拠づける論理そのもののなかに差別現象を生む芽が胚胎している、という点である。これについて、従来の環境研究では、差別現象が生ずるのは、環境的価値の実現が未だになされていないか、環境保全のルールが十分に定められていないからである、というふうに説明される傾向があった。その点で私は、本書が環境社会学研究において新たな論争の書として受け止められることを願っている。

第二には、差別現象を生む芽を胚胎させているからといって、私が、そうした実践を否定しているわけではないことは、屠場建設反対運動にたいするスタンスを見ていただければ理解していただけるはずだ。むしろ私は、〈構造的差別〉というモデルを提出することによって、たとえ差別の生産・再生産につながりかねないとしても、あえて行わなくてはならない環境的実践はある、という立場をとっている。その点では、本書は、従来の差別研究にたいする新たな論争の提起ということも意図している。

第三には、こうした「環境問題と差別問題の複雑な絡まり合い」を解きほぐしていくために、〈慣習のヘゲモニー〉という観点を提起した。「慣習」とは、それ自体の由来が説明不能であるにもかかわらず、慣習であるということによって、その存在が正当化されてしまっている、きわめて不可思議で、〈訳のわからない〉存在である。そして重要なのは、慣習は、一方で、社会の存続（たとえば、環境問題の解決や生活の組織化）に貢献しうるとともに、他方では、一定の成員を排除する社会的圧力を生みだす、きわめて両義的な存在だという点である。したがって、私は、慣習を手放しで礼賛する立場はとらないし、だからといって、慣習を全否定しがちな従来の差別論にも与するつもりはない。

結局、私たちが行うべきは、個々の慣習が生成・存続・変容している現場によりそいつつ、さまざまな立場の人たち（とくに、マイノリティの人たち）が、そうした慣習をどのように表象しているかを知ることをつうじて、それぞれの〈慣習のヘゲモニー〉の内実を明らかにしていくことだろう。そのために、私たちが採用したのが〈対話〉という方法だった。第2章がとくに読みにくかったとすれば、それは、地域社会において新たに生成したさまざまな規範がぶつかり合ったり、新しい慣習へ昇華しようとせめぎあっている様を、できるだけ細かく描きだそうとしているからである。

〈慣習のヘゲモニー〉という観点が、記述的分析の方法としてのソシオグラフィと結びつけられることによって部落差別の分析に有効性を発揮することは、本書の執筆においていちおうの手応えを得ることができた。しかし、私自身は〈慣習のヘゲモニー〉という考え方は、意外に広汎な射程をもっているのではないかと思いはじめている。たとえば、本書に収録した論文の執筆は、たまたま日本のバブル経済が終焉を迎えた時期にはじまり、米国でサブプライムローン問題が発覚し世界的な金融恐慌に突入する直前の時期に終えられているのだが、そうしたバブル経済のただなかで人びとが危険な投資をあえて続けていた背景には、市場における「リスキーな投資行為の慣習化」といった現象があったように思うのは、はたして私だけだろうか。

なお、本書に収録した論文の初出は、以下の通りである。

序　章　書き下ろし
第1章　原題「環境調査と知の産出」石川淳志・佐藤健二・山田一成編『見えないものを見る力――社会調査という認識』八千代出版、一九九八年。
第2章　原題「環境の定義と規範化の力―奈良県の食肉流通センター建設問題と環境表象の生成」『社会学評論』一八〇（四五巻四号）、一九九五年。
第3章　原題「屠場を見る眼―構造的差別と環境の言説のあいだ」桜井厚・好井裕明編『差別と環境問題の社会学』新曜社、二〇〇三年。
第4章　原題「第2の手紙　屠場にて」（「調査を断られるとき　『被差別部落への5通の手紙』補遺（2）」『解放研究しが』第一二号、二〇〇二年、所収）
第5章　「牛を丸ごと活かす文化とＢＳＥ」満田久義編『現代社会学への誘い』朝日新聞社、二〇〇三年。
第6章　原題「環境のヘゲモニーと構造的差別―大阪空港『不法占拠』問題の歴史にふれて」『環境社会学研究』第一一号、二〇〇五年。
第7章　「被差別部落で聞く」満田久義・青木康容編『社会学への誘い』朝日新聞社、一九九九年。
第8章　原題「『よそ者』としての解放運動」『解放研究しが』第六号、一九九六年。
第9章　原題『被差別部落への5通の手紙』（抄録）リリアンスブックレット6、反差別国際連帯解放研究所しが、一九九七年。

最後に謝辞を記そうとして、四半世紀にわたる調査のさまざまな場面が走馬燈のように甦ってきて、茫然となっている自分自身がいる。

まず、屠場建設反対運動の取材でお世話になった、福島と奈良の皆さん、「部落生活文化史調査」で聞き取り調査に協力いただいた滋賀の皆さん、「不法占拠」地区調査でフィールドワークをさせていただいた伊丹の皆さん、本当にありがとうございました。

元々出不精な私をフィールドに連れだし、被差別部落や屠場について調査する機会を与えてくださった桜井厚さん、調査の実務を担ってくださった岸衞さん、そして反差別国際連帯解放研究所しがの「部落生活文化史調査」のメンバーの皆さん、ありがとうございました。

関西学院大学の共同研究（「伊丹の『不法占拠』地区の研究」）のメンバーの皆さん、および21世紀ＣＯＥプログラムのスタッフの皆さん、ありがとうございました。

また、それぞれの論文の執筆および発表の機会を与えてくださった皆さん、ありがとうございました。

なお、本書は、二〇〇九年一月に関西学院大学大学院社会学研究科に提出した博士学位請求論文（『環境と差別のクリティーク』）の前半部分を中心に編んでいますが、本書を関西学院大学研究叢書（第一二六編）として刊行することをお認めくださった関西学院大学に感謝いたします。

二〇〇九年三月九日

三浦　耕吉郎

参考文献

青木秀男編　一九九九『場所をあけろ！――寄せ場／ホームレスの社会学』松籟社
秋道智彌　二〇〇四『コモンズの人類学――文化・歴史・生態』人文書院
浅岡美恵　一九九八「環境影響評価法と情報公開・住民参加」（環境法政策学会編　一九九八）
朝野温知　一九七〇ａ「部落の保育園長(1)」『教化研究』六二号　八三―一〇一頁　教学研究所
朝野温知　一九七〇ｂ「部落の保育園長(2)」『教化研究』六三号　三九―五三頁　教学研究所
朝野温知　一九七一ａ「部落の保育園長(3)」『教化研究』六四号　五一―六七頁　教学研究所
朝野温知　一九七一ｂ「解放運動と共に四十年」（朝野　一九八八（下））
朝野温知　一九七三「藤本晃丸さんの思い出」（朝野　一九八八（下））
朝野温知　一九七八「戦後の解放運動の思い出」（朝野　一九八八（下））
朝野温知　一九八八「わたしの歩んだ道」（朝野　一九八八（上））
朝野温知　一九八八『宗教に差別のない世界を求めて――朝野温知遺稿集（上）（下）』東本願寺
足立重和　一九九九「地域環境運動の意志決定と住民の総意―岐阜県X町の長良川河口堰建設反対派の事例から」『環境社会学研究』第五号　一五二―一六五頁
足立重和　二〇〇一「公共事業をめぐる対話のメカニズム―長良川河口堰問題を事例として」（船橋編　二〇〇一）

安部竜一郎　二〇〇六「途上国の自然資源管理における正統性の競合―インドネシア・南スマトラの事例から」『環境社会学研究』第一二号　八六―一〇三頁
淡路剛久　一九八八「大阪空港公害訴訟」『ジュリスト』九〇〇号　一七六―一七七頁
淡路剛久　一九九八「環境影響評価法の評価」（環境法政策学会編　一九九八）
飯島伸子　一九八四『環境問題と被害者運動』学文社
飯島伸子編　一九九三『環境社会学』有斐閣
飯島伸子編　二〇〇一『講座環境社会学第5巻――アジアと世界』有斐閣
池田清彦　二〇〇六『環境問題のウソ』ちくまプリマー新書
池田正行　二〇〇二『食のリスクを問いなおす――BSEパニックの真実』筑摩書房
石川淳志・佐藤健二・山田一成編　一九九八『見えないものを見る力――社会調査という認識』八千代出版
石原紀彦　二〇〇一「環境アセスメントと市民参加―愛知万博の環境アセスメントを例に」『環境社会学研究』第七号　一六〇―一七三頁
伊地知紀子　二〇〇五「営まれる日常・縒りあう力―語りからの多様な『在日』像」（藤原書店編集部編　二〇〇五）
井上孝夫　二〇〇一『現代環境問題論――理論と方法の再定置のために』東信堂
井上真　二〇〇一「自然資源の共同管理制度としてのコモンズ」（井上・宮内編　二〇〇一）
井上真・宮内泰介編　二〇〇一『コモンズの社会学――森・川・海の共同管理を考える』新曜社
内澤旬子　二〇〇七『世界屠畜紀行』解放出版社
海野道郎　一九九三「環境破壊の社会的メカニズム」（飯島編　一九九三）
大熊孝　一九八八『洪水と治水の河川史――水害の制圧から受容へ』平凡社
大阪国際空港騒音公害伊丹調停団連絡協議会編　一九九四『伊丹の空――大阪空港公害調停団　炎の運動史』大阪国際空港騒音公害伊丹調停団連絡協議会

大阪市中央卸売市場食肉市場編　一九九八『なにわの食肉文化とともに――大阪市中央卸売市場食肉市場開設40周年記念誌』大阪市中央卸売市場南港市場
大塚直　一九九八「環境影響評価の目的・法的性格」（環境法政策学会編　一九九八）
小沢禎一郎　二〇〇一「酪農家は、なぜ肉骨粉を給与しなければならなかったのか」『現代農業』一二月号　三二二―三二四頁
小野有五　二〇〇六「シレトコ世界遺産へのアイヌ民族の参画と研究者の役割―先住民族ガヴァナンスからみた世界遺産」『環境社会学研究』第一二号　四一―五六頁
カショーリ R．ガスパリ A．草皆伸子訳　二〇〇八『環境活動家のウソ八百』洋泉社
嘉田由紀子　一九九二「ホタルの風景論―ホタルを通してみた水環境認識」（古川・大西編　一九九二）
嘉田由紀子　一九九五『生活世界の環境学――琵琶湖からのメッセージ』農山漁村文化協会
嘉田由紀子　二〇〇一『水辺暮らしの環境学』昭和堂
片桐薫・黒沢惟昭編　一九九三『グラムシと現代世界』社会評論社
金森修・中島秀人編　二〇〇二『科学論の現在』勁草書房
金菱清　二〇〇一「大規模公共施設における公共性と環境正義」『社会学評論』第五二巻三号　四一三―四二九頁
金菱清　二〇〇八『生きられた法の社会学――伊丹空港「不法占拠」はなぜ補償されたのか』新曜社
鎌田慧　一九九八『ドキュメント　屠場』岩波書店
神里達博　二〇〇五『食品リスク――BSEとモダニティ』弘文堂
環境法政策学会編　一九九八『新しい環境アセスメント法――その理論と課題』商事法務研究会
鬼頭秀一　一九九六『自然保護を問いなおす――環境倫理とネットワーク』ちくま新書
鬼頭秀一　一九九八「環境運動／環境理念研究における『よそ者』論の射程―諫早湾と奄美大島の『自然の権利』訴訟の事例を中心に」『環境社会学研究』第四号　四四―五九頁

京都部落史研究所　一九九一『京都の部落史2　近現代』京都部落史研究所
ギンズブルグ C．竹山博英訳　一九八六ａ『ベナンダンティ――十六―十七世紀における悪魔崇拝と農耕儀礼』せりか書房
ギンズブルグ C．上村忠男訳　一九八六ｂ『夜の合戦――十六―十七世紀の魔術と農耕信仰』みすず書房
蔵治光一郎　二〇〇七「参加者の楽しみを優先する市民調査」『環境社会学研究』第一三号　二〇―三二頁
栗原彬編　一九九六『講座差別の社会学2　日本社会の差別構造』弘文堂
クリフォード J．マーカス G．編　春日直樹ほか訳　一九九六『文化を書く』紀伊國屋書店
国土問題研究会　一九八八『国土問題　特集　佐保川総合治水方策に関する調査報告書』三六号
小坂育子　二〇〇七「見えなくなった身近な水環境を見えるようにする社会的仕組みの試み―三世代交流型水害調査研究への展開」『環境社会学研究』第一三号　七一―七七頁
小林傳司　二〇〇二「科学コミュニケーション―専門家と素人の対話は可能か」（金森・中島編　二〇〇二）
才津祐美子　二〇〇六「世界遺産の保存と住民生活―「白川郷」を事例として」『環境社会学研究』第一二号　一二三―一四〇頁
サイード　エドワード W．板垣雄三・杉田英明監訳　一九八六『オリエンタリズム』平凡社
桜井厚　一九九六「戦略としての生活――被差別部落のライフストーリーから」（栗原編　一九九六）
桜井厚　二〇〇二『インタビューの社会学――ライフストーリーの聞き方』せりか書房
桜井厚　二〇〇五『境界文化のライフストーリー』せりか書房
桜井厚・岸衞編　二〇〇一『屠場文化――語られなかった世界』創土社
桜井厚・好井裕明編　二〇〇三『差別と環境問題の社会学』新曜社
佐藤文明　一九八四『戸籍がつくる差別』現代書館
サムナー W．G．園田恭一ほか訳　一九七五『フォークウェイズ　現代社会学大系3』青木書店

島津康男　一九九七『市民からの環境アセスメント――参加と実践のみち』日本放送出版協会
島村恭則　二〇〇五「朝鮮半島系住民集住地域の都市民俗誌―福岡市博多区・東区の事例から」『国立歴史民俗博物館研究報告』一二四号　一八三―二五〇頁
シャルチエ R．二宮宏之訳　一九九二「表象としての世界」『思想』八一二号　五―二八頁
シュネイバーグ A．グールド K．A．満田久義ほか訳　一九九九『環境と社会――果てしなき対立の構図』ミネルヴァ書房
菅豊　二〇〇八「環境民俗学は所有と利用をどう考えるか?」（山・川田・古川編　二〇〇八）
スピヴァク ガヤトリ C．上村忠男訳　一九九八『サバルタンは語ることができるか』みすず書房
盛山和夫　一九九五『制度論の構図』創文社
盛山和夫　二〇〇五「説明と物語」『先端社会研究』第二号　一―二六頁
全横浜屠場労組　一九九九「差別的価値観の転換をめざして―横浜屠場における差別との闘い」『部落解放』三月号　一〇二―一一三頁
高橋裕　一九九四『現代日本における調停制度の機能――特に公害等調整委員会による調停を対象として』東京大学都市行政研究会研究叢書9　東京大学都市行政研究会
武田邦彦　二〇〇八『偽善的エコロジー――「環境生活」が地球を破壊する』幻冬舎新書
立澤史郎　二〇〇七「政策提言型市民調査はなぜ失敗したか?―野生生物保護分野の経験から」『環境社会学研究』第一三号　三三―四七頁
田中求　二〇〇七「資源の共同利用に関する正当性概念がもたらす『豊かさ』の検討―ソロモン諸島ビチェ村における資源利用の動態から」『環境社会学研究』第一三号　一二五―一四二頁
玉野和志　二〇〇五『東京のローカル・コミュニティ――ある町の物語　一九〇〇―八〇』東京大学出版会
玉野和志　二〇〇八『実践社会調査入門』世界思想社

地上げ反対！ウトロを守る会　一九九七『置き去りにされた街　ウトロ』かもがわ出版
地域史研究会編　一九八五『治水の地域史――大和郡山市筒井地区』立命館大学鈴木良研究室
土屋雄一郎　二〇〇八『環境紛争と合意の社会学――ＮＩＭＢＹが問いかけるもの』世界思想社
鄭鴻永　一九八五「大阪国際空港建設と朝鮮人」在日本朝鮮人科学者協会兵庫支部兵庫朝鮮関係研究会編『兵庫と朝鮮人』同会
鄭鴻永　一九九七『歌劇の街のもうひとつの歴史――宝塚と朝鮮人』神戸学生・青少年センター出版部
戸田清　一九九四『環境的公正を求めて』新曜社
と畜場建設反対期成同盟　一九八三『と畜場建設反対運動のあゆみ』一号
と畜場建設反対期成同盟　一九八五『ふるさとのめざめ』二号
と畜場建設反対期成同盟　一九九一『ふるさとのめざめ』三号
土場学　二〇〇六ａ「社会学的ジレンマ研究の社会学的展開に向けて―分析的アプローチから解釈的アプローチへ」『社会学年報』三五号　一二一―一三九頁、東北社会学会
土場学　二〇〇六ｂ「環境配慮行動の規範的構造―『社会的ジレンマの解決』という視点から」『社会学研究』八〇　二九―五二頁　東北社会学研究会
土場学　二〇〇七「『社会的ジレンマとしての環境問題』再考―公共的モデルとしての社会的ジレンマ・モデル」『環境社会学研究』第一三号　九四―一〇七頁
富山太佳夫　一九九四「言語論的転回以降」『思想』八三八号　一―三頁
鳥越皓之・嘉田由紀子編　一九八四『水と人の環境史――琵琶湖報告書』御茶の水書房
鳥越皓之編　一九八九『環境問題の社会理論』御茶の水書房
鳥越皓之　一九八九「経験と生活環境主義」（鳥越編　一九八九）
鳥越皓之　一九九七ａ『環境社会学の理論と実践――生活環境主義の立場から』有斐閣

鳥越皓之　一九九七b「コモンズの利用権を享受する者」『環境社会学研究』第三号　五―一四頁
鳥越皓之　二〇〇四『環境社会学――生活者の立場から考える』東京大学出版会
鳥山敏子　一九八五『いのちに触れる――生と性と死の授業』太郎次郎社
中川千草　二〇〇八「浜を『モリ（守り）』する」（山・川田・古川編　二〇〇八）
中村一成　二〇〇五『声を刻む――在日無年金訴訟をめぐる人々』インパクト出版会
中村久恵　二〇〇五『モノになる動物のからだ――骨・血・筋・臓器の利用史』批評社
中村靖彦　二〇〇一『狂牛病――人類への警鐘』岩波新書
中西準子　一九八三『下水道――水再生の哲学』朝日新聞社
中根光敏　一九九九「排除と抵抗の現代社会論―寄せ場と『ホームレス』の社会学にむけて」（青木編　一九九九）
長谷川計二　二〇〇〇「環境・地域・数理的アプローチ―『生活環境主義』、『地域共同管理論』との対話へ向けて」『理論と方法』第一五巻二号　二四九―二六〇頁
ハムフェリー C．R．バトル F．H．満田久義ほか訳　一九九一『環境・エネルギー・社会』ミネルヴァ書房
反差別国際連帯解放研究所しが編　一九九五『語りのちから――被差別部落の生活史から』弘文堂
飛田雄一　一九八七「一九六一年・武庫川河川敷の強制代執行」『むくげ通信』一〇二号　一―一一頁
藤井克彦・田巻松雄　二〇〇三『偏見から共生へ――名古屋発・ホームレス問題を考える』風媒社
藤原書店編集部編　二〇〇五『歴史のなかの「在日」』藤原書店
船橋晴俊　一九九五「環境問題への社会学的視座―『社会的ジレンマ論』と『社会制御システム論』」『環境社会学研究』創刊号　五―二〇頁
船橋晴俊編　二〇〇一『講座環境社会学第2巻　加害・被害と解決過程』有斐閣
古川彰・大西行雄編　一九九二『環境イメージ論――人間環境の重層的風景』弘文堂
古川彰　二〇〇四『村の生活環境史』世界思想社

細川弘明　二〇〇一「環境差別の諸層―環境問題の記述分析になぜ差別論が必要か」（飯島編　二〇〇一）

帆足養右編　二〇〇七『日本及びアジア・太平洋地域における環境問題と環境問題の理論と調査史の総合的研究』二〇〇三―二〇〇六年度科学研究費補助金基盤研究（Ｂ・１）研究成果報告書（課題番号　一五三三〇一一一）

松田博　二〇〇三『グラムシ研究の新展開――グラムシ像刷新のために』御茶の水書房

松田博　二〇〇七『グラムシ思想の探求――ヘゲモニー・陣地戦・サバルタン』新泉社

松田素二　一九八九「必然から便宜へ―生活環境主義の認識論」（鳥越編　一九八九）

松田素二　一九九九『抵抗する都市――ナイロビ移民の世界から』岩波書店

松村和則　二〇〇五「ムラとともに環境創造を考える―実践としての生活環境主義再考」『年報村落社会研究』第四一集、二〇三―二三〇頁

松村正治　二〇〇七「『生活環境主義』以降の環境社会学のために」（帆足編　二〇〇七）

丸山茂徳　二〇〇八ａ『「地球温暖化論」に騙されるな！』講談社

丸山茂徳　二〇〇八ｂ『科学者の９割は「地球温暖化」CO_2犯人説はウソだと知っている』宝島社新書

丸山康司　二〇〇七「市民参加型調査からの問いかけ」『環境社会学研究』第一三号　七―一九頁

三浦耕吉郎　一九八七「民衆文化の自律性と文化的ヘゲモニー――サバト、あるいは集団的アニミズム」『現代社会学』第二三号　五―二二頁

三浦耕吉郎　一九八八「地域の社会意識研究のために―異文化としてのむら」『年報社会学論集』創刊号　一二三―一三二頁、関東社会学会

三浦耕吉郎　一九九五「環境の定義と規範化の力　奈良県の食肉流通センター建設問題と環境表象の生成」『社会学評論』一八〇（四五巻四号）　七一―八七頁　本書第２章

三浦耕吉郎　一九九六「『よそ者』としての解放運動」『解放研究しが』第六号　三―三五頁　本書第８章

三浦耕吉郎　一九九七『被差別部落への５通の手紙』（リリアンス・ブックレット６）反差別国際連帯解放研究所しが

本書第9章に抄録
三浦耕吉郎　一九九八「環境調査と知の産出」（石川・佐藤・山田編　一九九八）　本書第1章
三浦耕吉郎　一九九九「被差別部落で聞く」（満田・青木編　一九九九）　本書第7章
三浦耕吉郎　二〇〇一a「人と人を結ぶ太鼓—私のフィールドノートから」『関西学院大学人権研究』第五号　一—七頁
三浦耕吉郎　二〇〇一b「牛を丸ごと活かす文化—化製場の今昔」「近江牛の暖簾をまもって　食肉卸業」「屠場の現在」（桜井・岸編　二〇〇一）
三浦耕吉郎　二〇〇二「調査を断られるとき—『被差別部落への5通の手紙』補遺(2)」『解放研究しが』第一二号　五七—六九頁　本書第4章に抄録
三浦耕吉郎　二〇〇三a「牛を丸ごと活かす文化とBSE」（満田編　二〇〇三）　本書第5章
三浦耕吉郎　二〇〇三b「屠場を見る眼—構造的差別と環境の言説のあいだ」（桜井・好井編　二〇〇三）　本書第3章
三浦耕吉郎　二〇〇四「カテゴリー化の罠—社会学的〈対話〉の場所へ」（好井・三浦編　二〇〇四）
三浦耕吉郎　二〇〇五a「手紙形式による人権問題講義——〈構造的差別〉のソシオグラフィの試み」『先端社会研究』第二号　三三一—三五八頁
三浦耕吉郎　二〇〇五b「環境のヘゲモニーと構造的差別—大阪空港「不法占拠」問題の歴史にふれて」『環境社会学研究』第一一号　三九—五一頁　本書第6章
三浦耕吉郎編　二〇〇六『構造的差別のソシオグラフィ——差別を書く／差別を解く』世界思想社
三浦耕吉郎　二〇〇六「『不法占拠』を生きる人びと」（三浦編　二〇〇六）
三浦耕吉郎編　二〇〇八『屠場——みる・きく・たべる・かく　食肉センターで働く人びと』晃洋書房
三浦耕吉郎　二〇〇八「『部落を認知すること』における〈根本的受動性〉をめぐって—慣習的差別、もしくは〈カテゴライズする力〉の彼方」『解放社会学研究』第二〇号　七—三四頁
満田久義・青木康容編　一九九九『社会学への誘い』朝日新聞社

満田久義編　二〇〇三『現代社会学への誘い』朝日新聞社

南昭二　一九九六「明治期における神戸新川地区の屠畜業」（領家編　一九九六）

三宅都子　一九九七『太鼓職人』解放出版社

三宅都子　一九九八『食肉・皮革・太鼓の授業――人権教育の内容と方法』解放出版社

村井淳志　二〇〇一『「いのち」を食べる私たち――ニワトリを殺して食べる授業　「死」からの隔離を解く』教育史料出版会

文京洙　二〇〇七『在日朝鮮人問題の起源』クレイン

森明子編　二〇〇二『歴史叙述の現在――歴史学と人類学の対話』人文書院

森達也　二〇〇四『いのちの食べ方』理論社

モーリス＝スズキ　テッサ　二〇〇四『過去は死なない――メディア・記憶・歴史』岩波書店

八木正　一九九五「日本の食肉産業における雇用形態と労働の現状―部落差別と職業差別の重層への問い」『同和問題研究』第一七号　一―五七頁

矢吹寿秀　ＮＨＫ「狂牛病」取材班　二〇〇二『「狂牛病」にどう立ち向かうか』ＮＨＫ出版

山泰幸・川田牧人・古川彰編　二〇〇八『環境民俗学――新しいフィールド学へ』昭和堂

山田昭次・古庄正・樋口雄一　二〇〇五『朝鮮人戦時労働動員』岩波書店

山内一也　二〇〇一『ＢＳＥ　狂牛病・正しい知識』河出書房新社

好井裕明　一九九九『批判的エスノメソドロジーの語り――差別の日常を読み解く』新曜社

好井裕明・三浦耕吉郎編　二〇〇四『社会学的フィールドワーク』世界思想社

善積京子編　一九九二『非婚を生きたい――婚外子の差別を問う』青木書店

領家穣編　一九九六『日本近代化と部落問題』明石書店

ローズ　Ｒ．　桃井健司訳　一九九八『死の病原体プリオン』草思社

脇田健一　二〇〇一「地域環境問題をめぐる〝状況の定義のズレ〟と〝社会的コンテクスト〟―滋賀県における石けん運動をもとに」（舩橋編　二〇〇一）

著者紹介

三浦　耕吉郎（みうら・こうきちろう）

東京大学大学院社会学研究科博士課程満期退学
関西学院大学社会学部教授

主著

『屠場　みる・きく・たべる・かく　食肉センターで働く人びと』（編著）晃洋書房，二〇〇八年

『構造的差別のソシオグラフィ　社会を書く／差別を解く』（編著）世界思想社，二〇〇六年

『社会学的フィールドワーク』（共編著）世界思想社，二〇〇四年

『屠場文化　語られなかった世界』（共著）創土社，二〇〇一年

新曜社

環境と差別のクリティーク

屠場《とじょう》・「不法占拠」・部落差別

関西学院大学研究叢書　第126編

初版第1刷発行　2009年 4 月 30 日©

著　者　三浦耕吉郎

発行者　塩浦　暲

発行所　株式会社　新曜社
101-0051　東京都千代田区神田神保町 2-10
電話（03）3264-4973（代）・FAX（03）3239-2958
E-mail：info@shin-yo-sha.co.jp
URL：http://www.shin-yo-sha.co.jp/

印刷・製本　長野印刷商工　Printed in Japan

ISBN978-4-7885-1149-1 C3036